KB212157

그런 건
과학이
아닙니다

과학이 밝혀낸 유사과학

그런 건
과학이
아닙니다

혈액형별 성격, 음이온, 블루라이트, 디톡스…

당신을 현혹시키는 허상의 과학에 대하여

야마모토 기타로, 이시카와 마사토 지음 ★ 정한뉘 옮김

시그마북스
Sigma Books

그런 건 과학이 아닙니다

발행일 2024년 10월 21일 초판 1쇄 발행
지은이 야마모토 기타로, 이시카와 마사토
옮긴이 정한뉘
발행인 강학경
발행처 시그마북스
마케팅 정제용
에디터 양수진, 최연정, 최윤정
디자인 강경희, 정민애

등록번호 제10-965호
주소 서울특별시 영등포구 양평로 22길 21 선유도코오롱디지털타워 A402호
전자우편 sigmabooks@spress.co.kr
홈페이지 http://www.sigmabooks.co.kr
전화 (02) 2062-5288~9
팩시밀리 (02) 323-4197
ISBN 979-11-6862-285-2 (03400)

KAGAKU GA TSUKITOMETA GIJI KAGAKU
© KITARO YAMAMOTO & MASATO ISHIKAWA 2024

Originally published in Japan in 2024 by X-Knowledge Co., Ltd.
Korean translation rights arranged through AMO Agency KOREA

* **시그마북스**는 (주)시그마프레스의 단행본 브랜드입니다.

들어가며

『그런 건 과학이 아닙니다』의 주제는 유사과학입니다. 그렇다면 유사과학이란 무엇일까요?

이 책에서 소개할 유사과학은 과학적으로 보이지만 실체를 들여다보면 결코 과학적이지 않은 주장, 설명, 정보를 가리킵니다. 의사(擬似)과학, 사이비 과학이라고도 하며 과학계의 가짜 뉴스, 수상쩍은 과학, 거짓된 과학 지식이라고도 바꿔 말할 수 있습니다.

"이게 진짜 효과가 있다고?"

"정말로 효능이 있을까?"

일상에서 이러한 의문이 든 적은 없으신가요? 이 책에서는 그러한 의문과 마주했을 때 올바른 판단을 내릴 수 있도록 다양한 유사과학의 사례를 해설하고자 합니다. 물론 당장은 유사과학으로 여겨지는 주제도 앞으로의 연구 결과에 따라 인식이 크게 바뀔 수 있으므로, 흥미로운 사례가 보이면 본인의 지식이 올바른지 꾸준히 되돌아봐야 합니다.

참고로 일부 사례는 책에서 해설한 '유사과학 구별 포인트'를 바탕으로 과학 성을 평가해서 저희가 운영하는 웹사이트 '유사과학닷컴'에 게재했습니다. 내용이 궁금한 분은 웹사이트도 함께 참고해주세요(URL은 '나오며'에 기재했습니다). 어쩌면 독자 여러분이 사례를 직접 찾아보고 다다른 결론이 저희의 설명과 다를지도 모릅니다. 하지만 그런 호기심이야말로 유사과학에 휘둘리지 않는 데 필요한 과학 문해력을 익히는 첫걸음이라고 할 수 있겠습니다.

과학과 수학을 싫어하는 분들께도 자신 있게 추천할 수 있는 책이 되도록 노력했습니다. 제가 학교를 졸업한 지 한참 지난 20대 중반 이후에 배운 지식을 토대로 썼습니다. 마찬가지로 이공계가 아니더라도 과학 문해에 흥미를 품고 입문하시는 분들께서도 가볍게 읽어주신다면 기쁘겠습니다.

2023년 11월
야마모토 기타로

차례

제 1 장

과학이란 무엇일까?

과학이 어떤 학문인지부터 짚고 넘어가자.

이 책의 콘셉트는 방법론으로서의 과학이며, 이공계 전공과목인

자연과학뿐만 아니라 사회과학과 인문과학도 과학의 범주에 넣었다.

더불어 과학과 유사과학을 구분하는 것의 어려움과, 유사과학을

간파하는 능력인 과학 문해의 의의도 설명하고자 한다.

01 '과학 = 자연과학'은 아니다

가설과 검증이란?

이론 및 가설 수정

검증

과학 현장

가설

조사와 실험을 통한 데이터 수집

보통 자연현상을 연구하는 자연과학만 과학으로 생각하지만, 적어도 이 책에서는 보다 넓은 범주의 과학을 방법론적으로 다룬다. 과학은 특정 소수가 아닌 모든 인류가 지식을 누리는 보편적 방법이며 가설과 검증의 반복으로 법칙과 패턴을 밝히는 것이 과학의 핵심이다.

'과학'이라는 말에서 떠오르는 이미지는 무엇일까? 학교의 과학 실험, 이공계 진로 선택, 실험 가운을 입은 선생님, 비커와 플라스크, 똑똑한 연구원, 그리고 물리학·화학·생명과학 등 자연과학과 관련된 요소를 생각하는 사람이 많지 않을까. 하지만 넓은 의미의 과학은 "보편적인 진리나 법칙의 발견을 목적으로 한 체계적인 지식(표준국어대사전에서 발췌)"이므로 자연과학뿐만 아니라 사회과학과 인문과학도 과학의 범주에 들어간다. 한마디로 과학은 무언가를 규명하기 위한 방법론이자 문명사회를 지탱해온 기둥이다.

우리 주변 어디서나 볼 수 있는 과학

딱딱하고 권위적인 학문이라고 생각할지도 모르지만 사실 과학은 누구에게나 열려 있는 개방적인 학문이며 과학의 가치는 중립적이다. 과학이라는 사고 체계는 언제든 바뀔 수 있으며, 우리는 직감 혹은 문화적인 관념과 과학을 구분해서 이 세상을 인식하고 있다.

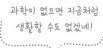

과학이 없으면 지금처럼 생활할 수도 없겠네!

일상에 없어서는 안 될 가전제품도 과학기술의 집합체다.

우리가 사는 집이 지금처럼 살기 좋은 형태가 된 것도 과학 지식이 축적된 결과다.

여기에도 과학이!

방법론이라는 관점에서 뜯어보면 과학은 가설과 검증의 반복이다. 어떠한 이론을 바탕으로 구체적인 가설을 세우고, 수집한 데이터로 가설이 검증되면 이론이 정당성을 얻어 일반화된다. 과학은 기본적으로 이 과정을 반복하며 발전한다.

반대로 이론에 부합하는 데이터를 얻지 못하거나 새로운 데이터가 나오면 이론이 수정되어야 하므로 과학 지식은 하루가 다르게 갱신되며 특히 데이터가 적은 최첨단 분야의 이론은 시도 때도 없이 변동한다. "과학은 옳으니까 무조건 따라야 한다", "과학도 종교처럼 일개 사상에 불과하다"라고 극단적으로 생각하기 쉽지만 사실 과학도 본질을 들여다보면 인간적이다. 그리고 우리가 과학을 신뢰하는 이유 중에는 편리하게 쓸 수 있어서라는 일면도 있다. 과학은 교리가 아니라 도구이므로 우리가 자유롭게 이용할 수 있는 대상으로 바라봐야 한다.

과학은 자연의 적이 아니다!

과학이 자연을 파괴한다고 오해하는 사람이 있다. 분명 공해 문제처럼 과학이 자연과 대립각을 세운 적도 있다. 하지만 정수 처리 시설을 세워 맑은 수돗물을 마실 수 있게 된 것처럼, 과학은 자연과 조화를 이루어 문제를 해결할 수도 있다.

오존 처리

생물 활성탄 흡착 처리

수돗물을 생산할 때 염소 소독은 물론 오존 처리를 추가한 고도 정수 처리 방식을 도입함으로써 수질이 극적으로 개선되고 맛도 좋아졌다.

과학의 발전이 자연 보호로 이어졌다.

과학은 무조건 옳다는 말이 오히려 비과학적

과학이 무조건 옳다고 주장하는 사람도 있다. 하지만 첨단 과학 이론은 항상 변동하며 새로운 데이터가 나오면서 뒤집힐 가능성도 있다. 그러므로 원래 알고 있던 지식이 틀렸을 가능성을 검토하지 않는 태도야말로 과학에 어긋나는 셈이다. 과학 이외의 사상 역시 존중받아야 하므로, 과학 지식이 절대적이라는 주장은 과학을 교조적으로 믿고 있다는 방증이자 과학만능주의에 지나치게 빠진 것과 다름없다.

과학은 무조건 옳아!

이런 과학자는 사실 거의 없다.

과학을 교조적으로 믿는 사람은 과학만능주의자나 다름없다.

예상처럼 흘러가지 않는 특성도 과학적

과학이 냉혹하다는 사람도 있다. 다양한 방법을 활용해서 편향을 없앤다는 점 때문에 과학이 인간적이지 않다고 느낄지도 모른다. 하지만 주장을 자의적으로 평가하거나 반대로 주장에 대한 평가를 피하는 등의 주관적인 잣대를 들이밀지 않는 것이 과학의 장점이다. 그러므로 과학이 냉혹하다는 말은 칭찬에 가깝다.

어떤 유혹에도 흔들리지 않는다는 것이 과학의 장점이다.

건강식품처럼 상품의 효과와 효능을 뒷받침하는 결과를 의도적으로 만들어낼 수 있는 연구에는 금전적인 유혹이 많다.

과학은 방법론 그 자체!

이론을 세우고 조사와 실험으로 얻은 데이터로 검증한 다음 그 검증 결과를 바탕으로 이론을 수정해서 다시 조사와 실험을 반복하는 방식은, 레시피대로 음식을 만들고 시식하면서 요리 실력을 높이는 과정과 유사하다. 과학은 이론과 데이터로 문명을 지탱하는 기둥이다.

과학적 검증의 반복은 레시피(이론)를 바탕으로 만든 요리(데이터)를 시식(검증)해서 맛있는 요리를 만드는 과정과 같다.

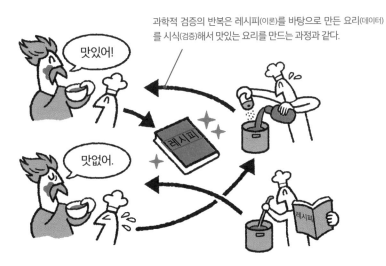

의외로 어렵지 않은 과학적 사고

통계학적으로 접근한 농업

농업은 씨앗과 흙의 종류, 날씨 등 고려해야 할 조건이 많다. 결실을 거두기 위해 통계학적 사고를 근거로 더 좋은 조건과 유익한 지식을 끌어내는 과정이 필요해졌다.

이 정도면 되겠지~

엄선했습니다!

열심히 노력하지 않으면 조건을 충족하지 못해 수확에 실패한다. 농업에는 통계학적 사고가 필요하다.

물리학, 화학과 달리 농업은 조건을 관리하기 어렵다. 씨앗 하나하나의 크기와 상태가 제각각인 데다 토양과 날씨처럼 작물의 질을 결정하는 요인이 많기 때문이다.

농업의 수확량 예측이 통계학의 원점이듯 가설과 검증의 반복으로 이루어진 방법론적 과학은 문명사회 발전의 뼈대라고 해도 과언이 아니다. 철학적으로 말하자면 우리는 과학 지식이 하루아침에 쓸모없어질 일은 없다는 인식을 바탕으로 지식의 실재를 수용한다. 과학 지식은 일상에 가득하지만, 도무지 과학적이라고 할 수 없는 유사과학 역시 우리 주변에서 얼마든지 찾아볼 수 있다.

정보의 바다인 현대사회에서 비판적 사고는 현명하게 살기 위해 없어서는 안 될 사고 기술

일기예보도 과학의 결정

기상 법칙 역시 조건이 복잡해서 예측하기 어렵다. 일기예보는 17세기가 되어서야 어느 정도 정확해졌다. 예로부터 전해져 내려오는 경험에 따른 예측이 타당한지도 현대 과학으로 검증되고 있다.

"저녁노을은 맑음, 아침노을은 비" 같은 속담처럼 과거에는 경험을 바탕으로 날씨를 예측했다.

17세기에는 날씨를 예측할 때 온도 차와 기압계를 사용했다.

현대에는 전 세계는 물론 우주에서 정보를 받아 종합적으로 예측할 수 있을 만큼 발전했다.

19세기에는 기상 법칙을 이론화해서 만든 일기도를 활용했다.

이며 그 중요성은 오래전부터 대두되었다. '이론적·객관적이고 편중되지 않은 사고, 자신의 추론 과정을 의식적으로 음미하는 반성적 사고'로 정의되는 비판적 사고는 유사과학 정보를 분간하는 데 중요한 기술이지만 배우고 실천하기는 쉽지 않다. 예를 들어 "당신은 달리기에서 2등을 제쳤다. 그렇다면 지금 몇 등일까?"라는 문제를 푼다고 해보자. 직감적으로는 1등 같지만, 정답은 2등이다. 여유를 가지고 논리적으로 생각하면 정답이 보이는 문제도 직감에 사로잡히면 틀리고 만다.

유사과학 역시 직감에 호소하는 경우가 많다. 따라서 이 책에서는 유사과학에 관한 사례를 하나하나 해설하며, 유사과학을 구별할 수 있는 다양한 논리적 관점과 반성적 사고를 갈고닦는 포인트를 소개하고자 한다. 책을 끝까지 읽으면 누구나 자연스럽게 체득할 수 있으니 잘 따라와주면 좋겠다.

건강에도 필요한 과학 문해력

음식, 영양, 건강, 질병에 관한 영향을 과대평가한 나머지 지나치게 신봉하는 태도를 '푸드 패디즘'이라고 한다. "이것만 먹으면 건강해진다"처럼 식품과 영양의 의미를 과대 포장한 광고 문구를 어디서든 볼 수 있는 현대사회에서 건강에 관한 과학 문해력 부족이 사회적 문제로 대두되고 있다.

건강과 질병에 대한 영향을 강조하는 식품 광고가 늘고 있다. 소비자는 올바르게 인식하고 판단하기 위한 지식을 갖춰야 한다.

과학적 근거를 내세우는 미용 상품에 주의

화장품으로 분류되지 않은 미용 상품은 유사과학 정보를 유포하기 가장 쉬운 분야일지도 모른다. 화장품은 효과를 표기할 수 있는 범위가 법적으로 엄격하게 정해져 있지만, 국내법상 생활용품으로 취급되는 미용 상품은 이러한 규제의 대상에서 벗어나 과학적 근거 없이 광범위한 효과를 광고하는 아이러니한 상황이다.

생활용품으로 취급되는 미용 상품은 효과 표기 범위가 법적으로 정해져 있지 않다.

화장품으로 분류된 상품은 광고에 표기할 수 있는 효과의 범위가 정해져 있다.

미용 상품은 생활용품이므로 오히려 화장품보다 홍보가 자유롭다.

아무리 먹어도 몸에 쌓이지 않는다고? 건강식품의 함정

유사과학에는 부족한 성분을 먹으면 그대로 몸에 전달된다는 주장이 많다. 대표적인 예시가 글루코사민이다. 섭취했을 때 몸에 그대로 전달되는 극히 일부(예: 비타민류)를 제외하면 대부분의 성분은 소화되어 흡수된 다음 몸 전체에 필요한 물질로 재구성된다(예: 단백질, 탄수화물). 소비자는 기본적인 몸 구조를 이해해야 할 뿐만 아니라 선입견이 생기기 쉬운 심리 경향도 자각해야 한다.

무릎에 좋은 글루코사민을 먹어야지!

입에 넣은 음식은 소화관을 지나며 분해·흡수된다. 먹은 음식에 독이 들어 있었을 경우 잘게 분해해서 재구성함으로써 독성을 없애고 활용하기 위한 구조다.

먹었을 때 소화되는 물질은 대부분 환부에 그대로 전달되지 않는다.

비판은 자기 자신에게!
상대에게 반박하기 전 다시 생각해보기

미용·건강 분야 상품에서 유사과학을 찾아보자. 비판적 사고를 몸에 익히고 반성을 게을리하지 않는 것이 올바른 판단을 내리는 지름길이다.

그게 아니야!

틀린 건 당신이야!

그게 아니야.

다시 생각해볼까?

반사적으로 비판에 반박하면 과학적인 토론을 할 수 없다.

자기 생각을 되돌아보는 것이 과학적 사고의 첫걸음이다.

03 과학과 유사과학을
딱 잘라 나눌 수 없다고?

머리카락이 몇 가닥 미만일 때부터 대머리일까?

'머리카락 몇 가닥 이상/미만'이라는 기준으로 대머리를 구별하기는 어렵다. 엄밀한 기준을 세우는 데 매달리다가 전체적인 그림을 놓치게 된다.

'대머리의 역설'은 구획 문제에서 비유를 들 때 쓰는 논리학의 역설 중 하나다. 머리카락 대신 모래 더미에 빗대어 모래 알갱이 수로 모래 더미를 정의할 수 없다고 주장하기도 한다. 엄밀한 정의에 매이지 않더라도 과학과 유사과학의 유의한 논쟁은 가능하다.

유사과학을 간파하려면 유사과학과 진짜 과학을 구별할 줄 알아야 하는데, 말처럼 쉽지는 않다. 왜냐하면 과학과 과학이 아닌 학문(≒유사과학)을 구별하는 방법을 두고 수많은 철학자가 오랫동안 논쟁해왔는데도 결국 둘을 일괄적으로 구별할 수 없다는 결론에 이르렀기 때문이다. 과학철학의 오랜 난제인 이 주제를 '구획 문제'라고 한다.

과학과 유사과학을 구별하기 어려운 이유는 무엇일까? 대머리의 기준을 예로 들면 쉽게

우리 주변의 과학 상품

과학에 관한 정보가 넘치는 현대사회에는 사회적으로 대두되는 화제뿐만 아니라 미용과 건강처럼 소비자 개인 수준의 화제도 많다. 그리고 자연과학뿐만 아니라 사회과학과 인문과학도 과학에 포함된다는 점을 잊어서는 안 된다.

자연과학 외에도 인문과학과 사회과학처럼
과학 지식이 축적된 분야가 다양하게 뻗어 있다.

예술?　문학?
인문(과)학
역사

자연과학

경제　법률
사회과학
경영

미네랄
샴푸

얼룩 제거

전자파
차단
지방
분해

잡화점을 둘러보면 과학과 관련된 광고와 상품이 얼마나 많은지 실감할 수 있다.

이해할 수 있다. 둘을 구별하려면 머리카락이 몇 가닥 이상일 때 대머리가 아니라는 기준이 필요하다. 그러나 이 기준만으로 판단하면 대부분이 대머리가 아니라고 생각하는 사람도 상황에 따라 대머리로 분류되거나 그 반대 상황이 벌어지는 등 예외가 생긴다. 게다가 전체 머리숱에 비하면 극히 일부에 불과한 한두 가닥으로 대머리의 여부가 갈린다면 '극단적으로 숱이 적은 머리'라는 대머리의 원래 개념이 모호해져버린다.

　과학과 유사과학의 분류도 마찬가지다. 특히 과학에서는 엄밀성을 중시한 나머지 기준을 엄격하게 잡으면 선구적인 식견의 싹까지 짓밟힐 수 있고, 반대로 기준이 너무 느슨하면 일반 소비자에게 부정적 영향을 끼치는 상행위가 성행할 가능성이 있다. 명확한 기준을 세우는 쪽이 오히려 사리에 맞지 않는 아이러니한 상황을 일으킬 수도 있는 셈이다.

과학의 모호한 기준

설령 엄밀히 구별하더라도 예외와 회색지대는 나타날 수밖에 없다. 가령 '병균에 직접 작용해야 과학적이다'라는 기준을 세우면 대증요법에 속하는 의약품들은 유사과학으로 분류된다. 한편 표면적인 증상을 완화해서 병균에 대한 저항력을 얻거나 몸을 회복해서 사회적으로 활동할 수 있게 만들면 사람을 치료한다는 의학(과학)의 요지에 들어맞는다.

과학과 과학이 아닌 것(유사과학 등)의 경계는 회색지대다. 같은 대상이라도 정의에 따라 과학이 될 수도 있고 비과학이 될 수도 있다.

기준은 느슨해도 엄격해도 안 된다

기준이 엄격하면 유망한 선구적 식견을 수용할 수 없고, 기준이 느슨하면 유사과학 마케팅이 판치게 된다. 과학과 유사과학의 구분이 엄격해지면 현재 과학으로 분류된 분야의 상당수가 유사과학이 되어버린다. 이론이 확고하게 세워지지 않았으나 실용성이 뛰어난 공학과 의학이 전형적인 예시다.

비행기가 나는 상세한 원리는 밝혀지지 않았지만, 비행기가 나는 현상은 확실히 재현할 수 있다. 전자는 유사과학이지만 후자는 재현성이라는 측면에서 과학적이다.

과학적인지 아닌지의 기준이 엄격해지면 오히려 과학의 발전이 저해될지도 모른다.

엄격한 기준은 무의미하다

과학과 유사과학의 경계는 모호하다. 일단은 무엇이 문제인지 멀리서 지켜보며 생각하자. 엄격한 기준을 따지는 논쟁은 세세한 머리카락 수에 매달리는 것이나 다름없이 무의미하다.

기준을 정하는 논쟁은 영영 끝나지 않는다. 과학 토론에 방해가 될 뿐이다.

column

과학 문해의 중요성

보통 표면에 드러나는 '결과'에 시선을 빼앗기지만, 과학에서 주목해야 할 부분은 '과정'이다.

현대사회는 심사를 통과하지 못한 논문이나 전문가의 개인적인 의견이 검증을 거치지 않고 인터넷과 SNS를 통해 일반 사회에 흘러들어오는 경향이 있다. 이 때문에 유사과학으로 의심되는 사례인데도 '전문가의 의견을 듣는다', '동료 평가 논문이 있는지 확인한다' 같은 전통적인 방법만으로 해결되지 않아 시민들이 직접 판단해야 할 때도 많다. 과학 양식을 갖춘 지식으로 유사과학을 구별하는 판단력, 즉 '과학 문해력'이 필요하다. 과학 문해력은 '의문을 인식하고, 새로운 지식을 획득하고, 과학적인 사상을 설명하고, 증거를 토대로 결론을 끌어내기 위한 지식과 그 지식의 활용법'으로 정의된다. 이는 좋은 사회를 만들기 위해 시민이 익혀야 할 능력이다(OECD – PISA).

핵심은 연구 방법론이다. 연구 방법론이란 간단히 말해 연구 대상을 묘사하는 이론을 세우고 그 이론에 따라 관찰 및 실험 결과를 예측하는 전략이다. 만약 예측과 실험 데이터가 맞지 않는다면 이론을 수정하고 다시 데이터를 수집해서 이론을 검증한다. 연구 방법론에 숙달되면 대상을 뒷받침하는 논리가 얼마나 과학적인지 판단할 수 있게 된다. 이 책에서 다루는 각종 유사과학 사례는 판단력을 갈고닦기 위한 재료다.

04 단언할 수 없기에 과학적이다

아래에서 위로 발전하는 과학

데이터가 점차 쌓이면서 멀리 내다볼 수 있게 되었다. 우물 안의 개구리가 되지 않도록 항상 자신을 돌아봐야 한다.

어때?

정답일지도 몰라.

과학적으로 맞아!

단적으로 결론을 내릴 수 있는 이유는 부적합한 데이터를 숨겼기 때문일지도 모른다.

흔히 과학적 증명이라고 하지만, 과학에 100% 확실한 증명은 없다. 데이터에 의한 검증은 범위가 한정되어 있을뿐더러 불완전하기 때문이다. 당장 내일이라도 관측 데이터의 특징이 한순간에 뒤바뀔 수 있다. 그러므로 과학의 길을 걷는다면 반증 데이터가 나왔을 때 겸허한 태도를 보이는 편이 바람직하다.

과학과 유사과학의 경계를 설정하는 논쟁에서 과학과 유사과학의 특징을 구분하기 위한 다양한 개념이 제시되었다.

가장 유명한 개념은 영국의 철학자 칼 포퍼가 제안한 '반증 가능성'이다. 반증 가능성이란 어떤 가설이 증거로 반증되어 수정할 수 있는 구조인지 판별하는 원리로, 이러한 가정이 없으면 유사과학으로 판단한다. 가령 모든 것을 신의 뜻으로 해석하는 유신론에 따르면 전쟁도 신의 역사(役事)이므로 어떤 데이터를 가져와도 신의 존재를 반증할 수 없다. 포퍼는 데이터 없이 해석되었던 당시의 정신분석과 마르크스주의를 비판하기 위해 반증 가능성을 활용했다.

반증 가능성과 반증 불가능성

무슨 일이든 신이나 요정의 소행으로 해석하면 데이터에 의한 반증이 의미 없어진다. 예를 들어 '모든 까마귀는 까맣다'라는 가설을 세웠는데 나중에 흰 까마귀가 발견됐을 때, 가설을 포기할 수 있으면 반증 가능, 요정이 흰 까마귀를 만들었다고 해석하면 반증 불가능하다고 한다. 반증 불가능한 가설은 과학적 의의를 버리는 것이나 다름없다.

흰 까마귀가 발견되었을 때 가설을 고집하지 않고 깔끔하게 포기하면 반증 가능하다고 하며 과학적으로 유의하다.

가설

가설 제창

모든 까마귀는 까맣다!

흰 까마귀가 발견되었을 때 까마귀의 깃털은 요정이 까맣게 물들이는데, 흰 까마귀는 물들이는 것을 잊은 개체'라고 설명함으로써 모든 까마귀가 까맣다는 가설을 포기하지 않는다.

요정이 하얗게 만든 거야!

반증 가능

반증 불가능

한편 미국의 과학철학자 토머스 쿤은 그 유명한 '패러다임' 개념을 제창했다. 과학자 집단이 공유하는 규범과 체계와 세계관을 패러다임, 과학자 집단이 공유하는 구조가 별개의 구조로 전환되는 혁명적인 현상을 패러다임 전환이라고 한다. 천문학의 주류 학설이 천동설에서 지동설로 대체된 사건이 역사적으로 유명하다. 둘 이상의 이론이 대립하면 좋고 나쁨뿐만 아니라 과학자 집단의 정치적·사회적 요인을 비롯한 모든 것이 정당화되므로 학계에서 지지하는 이론이 극적으로 뒤바뀌기도 한다.

이처럼 현재 옳은 이론으로 여겨지더라도 데이터가 모여 뒤집힐 가능성이 있고, 오히려 그편이 과학적이다. 이 부분이 종교 교리와의 큰 차이다. 실제로 과학은 아래에서 위로(작은 부분부터 접근해서 전체 문제를 해결하는 방식 - 역주) 데이터를 쌓고 반증하는 과정을 반복하며 발전해왔다.

반증 데이터를 다루는 법

반증 데이터가 나왔을 때 기존 이론을 뒷받침하는 형태로 이론을 세우는 방향은 바람직하지 않다. 일단 기존 가설을 백지화하고 반증 데이터에 따라 세부 조건을 검토하는 게 좋다. 그다음 그 조건이 가설에 부합하는지 판단하기 위해 다시 데이터를 수집해야 한다.

흰 까마귀가 관측되면 '모든 까마귀는 까맣다'라는 가설을 백지화하고 조건을 처음부터 재검토해야 한다.

백지로 돌릴 용기가 중요해!

상식을 바꾸는 패러다임 전환

오늘날에도 과학적 성과로 여겨졌던 지식이 학계 정세에 따라 혁명적으로 바뀌기도 하지만, 그 혁명이 언제 일어날지는 예상할 수 없다. 오래된 이론 때문에 반증 데이터를 관측상의 착오로 치부할 때도 있기 때문이다.

패러다임 = 사고방식의 구조

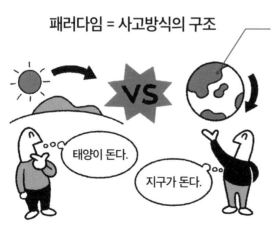

천동설과 지동설은 과학적 패러다임 전환의 대표적인 사례다. 상식을 뒤바꾸는 패러다임 전환을 예측하기란 매우 어렵다.

VS

태양이 돈다.

지구가 돈다.

데이터에 따라 아래에서 위로 발전하는 과학

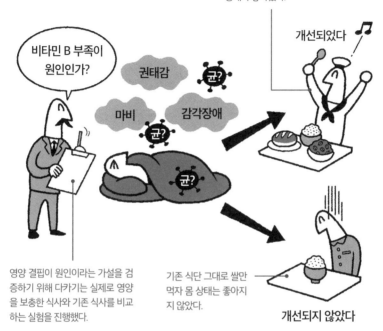

보리밥과 빵까지 번갈아 먹자 몸 상태가 좋아졌다.

개선되었다 ♪

비타민 B 부족이 원인인가?

권태감

균?

마비 감각장애

균?

균?

영양 결핍이 원인이라는 가설을 검증하기 위해 다카기는 실제로 영양을 보충한 식사와 기존 식사를 비교하는 실험을 진행했다.

기존 식단 그대로 쌀만 먹자 몸 상태는 좋아지지 않았다.

개선되지 않았다

각기병은 한때 일본의 국민병이었다. 유효한 치료법도 없고 원인도 밝혀지지 않았던 당시, 해군 군의관이었던 다카기 가네히로는 병사들 사이에서 수많은 환자가 나오는 상황을 현장에서 상세히 조사하며 전반적으로 연구한 끝에 각기병의 원인을 백미 위주였던 식단에 의한 영양 결핍으로 추정했다. 그러나 다카기의 주장은 오랫동안 의학계·과학계에서 인정받지 못했다. 일본 의학계에서는 '각기균'이라는 미지의 세균이 각기병의 원인이라는 가설이 주류를 차지했고, 모리 오가이를 필두로 한 연구자들은 쌀이 문제일 리 없다고 굳게 믿으며 해외의 권위적인 의견을 위에서 아래로(큰 그림부터 시작해서 작은 세부 사항에 접근하는 방식 - 역주) 받아들였다(松田, 2002).

　오랜 논쟁 끝에 다카기의 설득을 받아들여 현미와 보리를 섞은 식단으로 개선한 해군과 백미 식단을 고집했던 육군 사이에서, 해군의 각기병 환자 비율이 압도적으로 낮은 결과를 보였다. 그렇게 다카기의 주장은 마침내 정당성을 인정받았다. 현재는 각기병의 원인이 비타민 B의 부족임이 이론적으로도 판명되었지만, 데이터로 이론(각기병 세균 원인설)이 뒤집히기까지는 40년이 넘는 시간이 필요했다.

올바르게 '보이는' 문구를 생각하라

'사실'에도 여러 종류가 있다

개인의 경험 혹은 신뢰도가 낮은 데이터는 모두에게 적용되는 객관적인 사실이 될 수 없다.

'무언가를 먹었더니 실제로 몸이 안 좋아졌다'와 '먹으면 몸이 안 좋아지는 현상을 증명한 연구 및 논문이 있다'는 전혀 다른 말이다.

과학과 유사과학을 구분할 수 없다고 해서 과학과 유사과학을 구분할 필요가 없다고 적극적으로 주장하는 태도도 올바르지는 않다. 특히 건강과 관련된 분야에서는 과학적 근거가 있으면 사업에 이득이 된다는 이유로 건강식품을 팔 때 수상한 유사과학을 내세우는 사람들이 문제가 되고 있다.

과학과 유사과학을 구별할 때는 그러한 사회적 문제를 고려해서 단계적으로 판정하는 방법을 활용한다. 구체적인 사례의 과학성을 다면적으로 평가하기 위해서이기도 하고 학술적인 엄밀성보다 실용성을 중시한 시도로도 볼 수 있다. 예를 들어 철학 전문 온라인 백과사전인 스탠퍼드 철학 백과사전에는 유사과학을 판별하기 위한 체크리스트가 수록되어 있는데,

과학과 유사과학 사이

과학과 유사과학은 명확한 기준에 따라 나뉘는 게 아니라 중간에 회색지대가 있다. 오히려 이 중간 단계를 파악하는 능력이 더 중요하다.

과학	과학임을 규정하는 조건의 평가가 전체적으로 높거나, 부분적으로 평가가 낮은 조건이 있어도 평가가 높은 다른 조건으로 보완된다.
발전도상 과학	과학임을 규정하는 조건의 평가가 전체적으로 높지는 않으나 부분적으로 평가가 높은 조건이 있다. 잠정적으로 과학이 될 수 있지만 이후 연구에 따라 과학으로 분류되지 못할 우려도 있다.
미과학	과학임을 규정하는 조건의 평가가 전체적으로 낮으나 부분적으로 평가가 높은 조건이 있다. 지금 당장은 과학으로 분류되지 않지만, 이후 연구 성과가 쌓이면서 과학으로 분류될 수준으로 올라갈 가능성이 있다.
유사과학	과학적인 논리를 전개하는데도 모든 조건의 평가가 전체적으로 낮다. 과학이라고 불러도 될 수준과 거리가 멀고, 그 수준에 도달하려면 앞으로 상당히 방대한 지식을 쌓아야 한다. 현 상태 그대로는 사회에 적용하지 못할 정도다.

내용은 다음과 같다. 1. 권위에 기대는 태도, 2. 일회성 실험, 3. 사례의 세세한 구분, 4. 테스트에 소극적인 태도, 5. 반증하는 정보를 무시하는 태도, 6. 틀에 박힌 변명, 7. 대안을 마련하지 않고 설명을 포기하는 태도.

한편 일본의 과학철학자 이세다 데쓰지(2019)는 ① 베이즈 갱신에 의한 구분과 ② 약간 부정확한 요약 보고라는 두 가지 방법을 이용한 실용적 접근을 제안하기도 했다.

2장부터는 '이론, 데이터, 이론과 데이터, 사회'라는 네 가지 관점으로 유사과학을 구별하는 포인트를 해설하려 한다. 이를테면 '우유가 인체에 해롭다는 연구와 논문이 있다'와 '실제로 우유는 해롭다'의 차이를 구별할 수 있어야 한다. 다각적·단계적으로 판단을 내리면 과학적으로 올바르게 '보이는' 문구의 본질이 보인다.

유사과학을 구별하는 네 가지 관점

이 책에서는 포퍼와 쿤의 과학철학 토론을 참고해서 유사과학을 구별하는 포인트로 '이론, 데이터, 이론과 데이터, 사회'라는 총 네 가지 관점을 고안·활용했다.

모든 일의 진행 과정을 설명하는 '이론'

가설을 바탕으로 결과를 도출할 재료인 '데이터'

이론과 데이터의 연관성을 보여주는 '이론과 데이터'

경험의 효과와 사람들이 받아들이는 방식을 설명하는 '사회'

과학에서 다루는 영역의 파편화

우리가 고안한 네 가지 관점으로 접근하면 과학의 규명 대상인 모든 영역에서 평가가 점진적으로 달라진다는 사실을 알 수 있다. 유사과학이므로 가치가 없고 과학이므로 가치가 있다는 말이 아니다. 오히려 그런 획일적인 평가야말로 과학과 거리가 멀다.

물리학과 화학은 이론과 데이터를 모두 갖춘 분야

경제학은 데이터보다 이론을 중시한 분야

공학은 이론보다 데이터를 중시한 분야

과학 상대주의와 소칼 사건

과학도 종교처럼 하나의 사상 체계로 볼 수 있다. 그러나 문명사회에서 과학이 쌓은 실적에 비추어 보면, 과학의 성과가 중요한 영역에 상대주의를 대입해서 과학을 종교와 같은 선에서 보는 태도는 옳지 않다. 상대주의란 어떤 주장의 진위와 성패는 절대적이지 않으며 문화적·사회적 배경에 따라 달라진다는 사상이다. 예를 들어 '고기를 먹을 때 반드시 나이프와 포크를 써야 하는가?'라는 질문에 절대적인 정답이 없듯이, 과학도 일개 관점에 불과하다는 식으로 어떤 주장을 같은 위상으로 간주하는 사고방식을 가리킨다. 상대주의에 따르면 과학도 신화도 유사과학도 저마다 맞는 문화적·사회적 배경에서는 진실이 된다. 분명 예술에서는 상대주의가 중요한 의미를 지니지만, 과학에서 과도한 상대주의는 바람직하지 않다. 이것이 공공연하게 드러난 대표적인 사건이 소칼 사건이다.

1990년대 프랑스에서는 포스트모더니즘이라는 비평적 접근이 유행했다. 원래 건축 용어였던 모더니즘에 대한 반동으로 탄생한 포스트모더니즘은 객관적 현실과 진리, 사회 진보, 도덕, 과학 등을 비평 대상 삼아 지식 체계와 가치를 정치적·문화적 주장과 계급의 산물이라며 비판하는 사상이다.

물리학자 앨런 소칼은 포스트모더니즘을 표방하는 현대 사상 논문에서 과학 용어를 중구난방으로 쓰는 세태가 독자에게 혼동을 주고 과학적 사실과 논리를 경시하는 분위기를 만든다며 문제를 제기했다. 그는 포스트모더니즘 양식을 지키면서 과학 용어와 수식을 엉터리로 끼워 넣어 무의미한 논문을 집필한 다음 포스트모더니즘 전문 학술지에 투고했다. 해당 논문은 그대로 승인되어 학술지에 게재되었다.

이후 소칼은 자신의 논문 내용이 엉터리였음을 폭로했고, 이를 파악하지 못한 채 게재한 학술지를 비판하는 한편 자신의 논문과 마찬가지로 포스트모더니즘 사상이 권위를 높이기 위해 과학 용어를 함부로 사용하고 있다고 지적했다. 그의 폭로는 전 세계에 엄청난 반향을 일으켰고, 소칼의 지적을 둘러싸고 찬반양론이 벌어졌다. 찬반양론은 차치하더라도 소칼의 폭로가 과학 상대주의의 취약성을 폭로했다는 점은 확실하지 않을까.

제 2 장

유사과학의 이론을
파헤치다

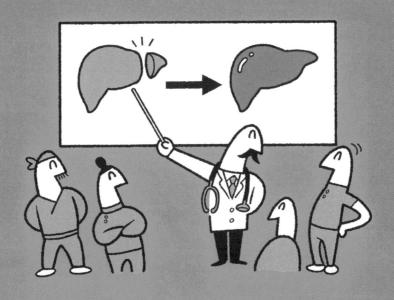

유사과학을 구별하는 첫 번째 포인트는 '이론'이다.

보통 정의가 명확하지 않고 다른 지식과 들어맞지 않는 구석이 있어서

이론적으로 여기저기서 문제가 발견되는 대상이 유사과학으로

의심받는다. 설명을 끼워 맞추거나 만능이라고 주장하면 특히

주의해야 한다.

06 귀신은 모순투성이

벽을 통과하는 귀신이 벽을 두드린다고?

귀신은 벽을 통과할 수도 있고 벽을 두드릴 수도 있다는데, 애초에 귀신의 명확한 정의는 무엇일까?

유사과학은 정의가 애매하다는 귀신의 특성을 이용한다.

한때 귀신을 과학적으로 규명하려는 시도가 활발한 시기가 있었다. 1882년 영국 런던에서 심령연구협회가 설립된 이래로 오늘날까지도 학술지가 발간되고 연구 결과를 발표하는 등 귀신 연구가 이루어지고 있다. 최근에는 사기 집단이나 사이비 종교 단체가 심령 현상을 이용하여 사회적 문제가 될 소지가 있다.

낭만이 없다고 느낄지도 모르지만, 귀신에 과학적으로 접근해보자. 보통 귀신이라고 하면 죽은 뒤에도 떠다니며 살아 있는 사람에게 관여하는 영혼을 가리킨다. 귀신을 봤다는 목격담, 사후 세계와 소통하는 영능력자, 심령사진 등 우리 주변에서도 귀신의 존재를 주장하는 사례를 심심찮게 찾을 수 있다.

그런데 이 귀신의 목격담 중에는 벽을 통과하는 성질을 전제로 한 이야기도 있고, 방에 혼자 있는데 귀신이 벽을 두드렸다는 이야기도 있다. '벽을 통과한다'와 '벽을 두드린다'라는 서로 반대되는 물리 현상을 멋대로 구분하는 해석도 있지만, 귀신이 상황에 따라 성질을 바꿀 수 있다고 끼워 맞췄을 뿐이고 여전히 이론적으로는 모순된다. 귀신을 과학적인 현상으로 인

34

착각에 불과한 유체이탈

육체에서 의식만 빠져나와 떠다니며 자기 몸을 위에서 내려다보는 체험을 유체이탈이라고 한다. 한때는 자신의 혼이 빠져나와 귀신이 된 상태로 해석하기도 했지만, 사실 사람의 뇌가 활동할 때 일어나는 일종의 착각에 불과하다. VR(가상현실) 기기를 이용하면 유체이탈을 인공적으로 체험할 수 있다.

유체이탈은 단순히 착각에 불과하며 꿈이나 다름없다.

VR 기기를 이용한 유사 체험의 실체는 자신이 자는 모습을 내려다보는 것이다.

정받으려면 벽을 두드리거나 통과하는 조건을 검증할 수 있어야 한다.

귀신이 하늘을 떠다닌다는 설과 혼에 무게가 있다는 설이 공존하는가 하면, 귀신이 물질로 이루어져 있는지 아닌지 불확실해서 물리학적 연관성이 명확하지 않다는 지적이 제기될 여지 또한 있다.

물리학적으로 접근하지 않더라도 귀신 이론은 다른 대상에 적용할 수 없을뿐더러, 이를 정당화하려면 방대한 과학 지식을 하나하나 수정해야 한다. 그리고 과학적으로는 논리의 일관성(내적 요소) 및 다른 과학 지식과의 체계적 정합성(외적 요소)이 부족하다. 게다가 귀신은 보통 일상과 관련이 없으므로 극히 드물게 일어나는 특수 현상을 설명하는 이론에 불과하다는 점에서 보편성마저 부족하다. 이처럼 귀신 이론은 유사과학을 판단하는 기준을 배우기에 적합한 교보재다.

임사 체험이 생리적 현상이라고?

빈사 상태일 때 꽃밭을 걷거나 돌아가신 조상님과 만나는 등의 체험을 임사 체험이라고 한다. 이러한 체험담은 문화와 종교를 가리지 않고 찾아볼 수 있는데, 그 실체는 뇌 기능이 거의 멈추거나 회복되는 과정에서 나타나는 생리적 현상으로 추측된다. 단순히 사후 세계를 보고 왔다고 생각할 문제가 아니다.

사후 세계가 존재하지 않는다고 단언할 수는 없지만 존재한다는 증거 역시 희박하다. 만약 망자의 혼이 사후 세계에 존재한다면 힘들 때 조상님의 혼이 찾아와 조언을 건네지 않았을까.

임사 체험은 완전히 규명되지 않았을 뿐만 아니라 뇌내 물질의 영향이라는 설, 뇌 혈류 및 산소의 결핍이 원인이라는 설 등 여러 가설이 뒤섞인 상태다.

귀신을 봤다는 경험담도 착각

벽의 얼룩을 보고 사람의 얼굴이라고 느끼는 현상을 파레이돌리아 혹은 변상증이라고 한다. 이 파레이돌리아도 사람들이 귀신을 봤다고 생각하는 요인 중 하나지만, 사실 사람의 기억에 남아 있는 얼굴과 벽 얼룩 패턴이 우연히 일치해서 얼굴처럼 보이는 착각일 뿐이다.

벽의 얼룩 또는 나뭇결을 강아지의 얼굴로 착각하곤 한다.

파레이돌리아로 인해 상상의 산물이 현실에 존재한다고 느끼는데, 귀신을 봤다는 목격담도 이러한 착각일 가능성이 크다.

과학에서 중요한 요소는 정의!

어떤 현상을 토론하려면 일단 그 대상의 정의가 명확해야 한다. 귀신이 벽을 두드릴 수도 있고 통과할 수도 있다는 설명은 모순이다. 귀신의 존재를 토론하기에 앞서 모순부터 해결해야 하지 않을까?

귀신 이론은 논리성, 체계성, 보편성이 모두 부족하다.

column

마음과 의식을 양자론으로 규명할 수 있을까?

양자론은 물질을 구성하는 최소 단위인 빛과 전자에 관한 연구가 진전되던 20세기 초에 판명된 물리 이론이다. 양자론은 그전까지의 물리학과 근본적으로 다른 세계관을 제시함으로써 고전물리학과 현대물리학이 나뉘는 기점이 되었다. 물리 실험의 결과를 정확히 예측하고 레이저 등의 기기에 응용할 때도 양자론을 활용하게 되었다.

　기존에 파장으로 여겨졌던 빛이 입자의 성질을, 입자로 여겨졌던 전자가 파동의 성질을 가지고 있다는 사실이 밝혀지면서 양자론이 발전하기 시작했다. 모든 물질을 이루는 최소 단위 물질은 파동의 성질과 입자의 성질을 모두 갖춘 양자인데, 이 양자를 '관측'하는 행위가 중요하다. 양자는 관측하기 전에는 파동의 성질을 띠지만 관측된 직후 입자의 성질을 띠기 때문이다.

　물질의 실재를 양자론으로 이해하기란 매우 어려운데, 일각에서는 사람의 마음·의식·영혼을 양자론으로 설명하기도 한다. 그러나 그러한 주장은 대부분 크게 비약한 내용이기에 현시점에는 유사과학으로 치부될 뿐이다. 애초에 파동 상태에서 입자 상태로 바뀌는 과정이 뚜렷하게 밝혀지지 않아 정통 양자론 연구자들 사이에서도 관측의 정의를 둘러싸고 의견이 분분한 실정이다. 양자론의 수식 모델이 잘 검증된 덕에 널리 쓰이고 있지만, 이 모델이 어떻게 현실과 대응하는지는 명확하지 않다.

　정리하자면 아직 양자론에 밝혀지지 않은 부분이 많다 해도 양자론으로 마음과 영혼, 하물며 귀신을 합리적으로 설명할 수는 없다.

동종요법은 효과가 있을까?

유효 성분 함유량은 1나유타분의 1!

효과를 과신했다가는 병세가 나빠져 위험을 향해 걸어가는 꼴이 된다.

10억분의 1

나쁜 성분이 몸 안에 그대로 남아 있는데 플라시보 효과로 다 나은 것 같은 기분이 들 때도 있다.

건강해졌구나!

동종요법을 믿는 사람들은 성분을 희석하면 희석할수록 치료 효과가 높아진다고 주장하지만 근거가 불확실하다. 심지어 몸이 낫는 과정에서 증상이 심해지는 현상에 '호전 반응'이라는 명칭을 붙여 일시적인 악화 현상을 몸이 낫는 징조로 정당화하기도 한다. 이 논리대로라면 증상이 어떻게 바뀌든 유창하게 설명할 수 있어 반증 불가능한 이론이 된다.

　'동종요법'은 18세기 말 독일의 의사 사무엘 하네만이 창시·체계화한 대체 의학으로, 아시아에서는 주류가 아니지만 유럽에서는 예로부터 내려오는 민간요법이다. 간단히 설명하자면 어떤 성분을 극한까지 희석해 원래 성분이 거의 남지 않은 상태의 액체를 환약에 섞어 계속 복용함으로써 그 성분과 관련된 질환의 약효를 얻는 치료법이다.

　동종요법의 기본 원리는 '같은 것이 같은 것을 치료한다'이다. 동종요법의 일반적인 제조법인 30C는 원료를 1나유타(10^{60})분의 1로 희석한 용량이다(1C는 원료를 100배 희석했음을 나타내는 표기로, 30C는 100배 희석을 30번 했다는 뜻이다 - 역주). 이 안에 원료 분자가 1개라도 들어 있을

38

자연 치유력이 민간요법의 전매특허?

증상을 완화하는 데에 집중하는 대증요법에 대한 불만으로, 동종요법을 포함한 수많은 민간요법이 자연 치유력을 강조하며 나섰다. 그러나 자연 치유력을 중요하게 여기는 것은 서양 의학도 마찬가지다.

간은 1/3만큼 절제해도 자연 치유력이 있어
1년 정도 지나면 원래대로 돌아온다.

생체 간 이식 등 인체의 재생 능력과 자연
치유력을 응용한 치료법이 많다.

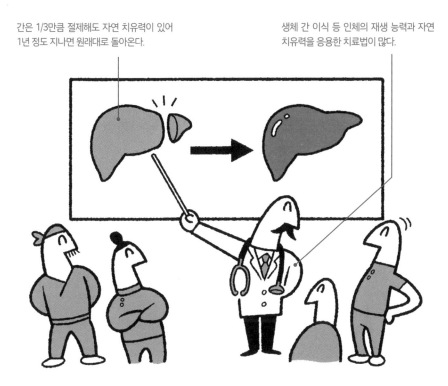

확률은 10억분의 1의 10억분의 1의 10억분의 1의 10억분의 1인데, 이래서야 빈 환약이나 다름없다. 약효를 발휘해야 할 성분이 거의 존재하지 않는 상태에서 약효가 있다고 주장해도 과학적 이론성이 부족하다.

　동종요법이 한창 유행하던 당시에는 서양 의학이 미숙한 나머지 치료를 받지 않았을 때 오히려 증상이 호전되는 환자마저 있을 정도였다. 그래서 동종요법을 받고 치료되는 환자가 더 많은 것처럼 보이기도 했다. 인간은 원래 어느 정도 자연 치유력이 있으므로, 비합리적인 이론에 기댈 수밖에 없는 동종요법이 오늘날 인정받으려면 본연의 자연 치유력보다 높은 효능을 보여야 한다. 현대의 과학 이론과 데이터 관점에서 보면 동종요법은 유사과학으로 평가하는 편이 타당하다.

효과 없는 치료가 완치의 지름길이었던 시대

동종요법이 보급된 18~19세기에는 치료율이 그리 높지 않았을뿐더러 환자를 악화시키기만 했던 치료법도 매우 많았다. 오히려 물리적으로 따지면 동종요법은 환약을 섭취할 뿐이었기에, 적어도 잘못된 치료법으로 증상이 나빠지는 일이 거의 없어 어느 정도 지지를 얻을 수 있었다(服部, 1997).

18~19세기에는 수은 요법과 사혈처럼 몸을 악화시키는 치료법이 성행했다.

동종요법은 효과가 없었기에 오히려 환자가 빨리 나을 수 있었다.

경악스러운 치료법, 무기 연고

현대 지식에 비추어 보면 의문이 가득한 치료법이 근대까지도 많았다. 가령 약을 상처에 바르는 대신 상처를 낸 무기에 바르면 상처가 아문다고 주장한 '무기 연고'라는 치료법도 있었다.

위생 수준이 열악했던 당시 치료하려고 상처에 무언가를 발랐다가 잡균에 감염되느니 손대지 않는 편이 낫다는 발상에서 나온 미신이었다.

치료가 오히려 역효과였구나.

약효의 이면에 존재하는 수많은 실패 사례

환약에 원료 물질 분자가 하나라도 들어 있을 확률은 10억분의 1의 10억분의 1의 10억분의 1의 10억분의 1. 아무리 뽑아도 당첨은 나오기 어렵다.

설령 효과가 있더라도 그 이면에는 방대한 실패 사례가 존재한다. 게다가 재현성이 낮다는 단점도 무시할 수 없다.

column

플라시보 효과

플라시보 효과는 유효 성분이 들어 있지 않은 가짜 약을 먹고 증상이 호전되거나 부작용이 나타나는 현상을 일컫는 말이다. 가짜라도 약을 먹었다는 심리와 행동이 몸과 마음에 영향을 주는 것이다.

곧잘 오해하곤 하지만 사전에 플라시보 효과에 대한 지식이 있는 사람에게도 플라시보 효과는 통한다. 정말로 강력한 효과가 아닐 수 없다.

참고로 플라시보 효과를 최초로 증명한 연구인 「The Powerful Placebo」(Henry & Beecher, 1955)에서는 1,082건의 실험군 중 약 35%가 플라시보 효과만으로 호전되었다고 보고했다.

08 방사선을 쬐면 건강해진다고?
라듐 온천의 수수께끼

온천의 다양한 효과

온열 효과, 부력에 의한 효과, 정수압에 의한 효과 등의 물리적 요인

함유 성분에 의한 효과 등의 화학적 요인

전지 요법에 의한 효과(온천에 가서 생기는 심리 효과)

후끈후끈...

활짝

도착했다!

온천의 효과는 크게 물리적 요인에 의한 효과, 화학적 요인에 의한 효과, 전지 요법에 의한 효과로 나뉜다. 아토피성 피부염처럼 단순 입욕과 구별된 온천의 염증 방지 효과를 연구한 사례가 있는가 하면, 방사성 온천처럼 충분한 검증을 거치지 않은 채 효과를 주장하는 사례도 있다.

이론의 과학성을 판별하려면 다른 과학 지식에 어긋나는 부분이 없는가를, 즉 체계성을 생각해야 한다. 온천을 예로 들자면, 산성 온천수에 망가니즈와 요소를 넣은 배지에서 잡균이 증식하지 않았으므로 온천이 아토피성 피부염에 유효한 환경이라는 설명은 다른 분야의 관점에서도 모순이 없다.

한편 온천 중에는 라듐 온천, 라돈 온천 같은 방사성 온천도 있다. 방사성 온천은 통풍, 류머티즘성 관절염, 자율신경 개선 등에 효과가 있다고 한다. 이 주장의 전제는 해로운 물질을 몸에 해롭지 않을 만큼만 사용한 자극은 몸에 이롭다는 '호르메시스 효과'인데, 이를 둘러싸

방사선의 긍정적 효과, 호르메시스 효과

온천의 효과뿐만 아니라 미약한 방사선이 생체에 미치는 영향에 관해서도 밝혀지지 않은 바가 많다. 피폭을 지나치게 신경 쓸 필요가 없다 해도 호르메시스 효과는 인간을 대상으로 충분히 입증되지 않았으므로 안이하게 호르메시스 효과를 주장하는 정보에는 주의해야 한다.

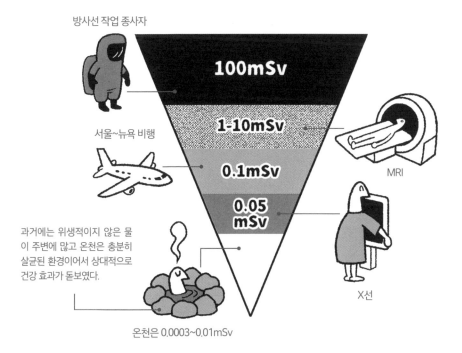

방사선 작업 종사자

100mSv

서울~뉴욕 비행

1-10mSv

0.1mSv

0.05 mSv

MRI

X선

과거에는 위생적이지 않은 물이 주변에 많고 온천은 충분히 살균된 환경이어서 상대적으로 건강 효과가 돋보였다.

온천은 0.0003~0.01mSv

고 사람들의 의견이 분분하다.

보통은 의식하지 않지만 사실 우리는 매일 일정량의 방사선을 쬔다. 일상에서 쬐는 방사선량은 연간 3mSv(밀리시버트)다. 그리고 흉부 X선 촬영 또는 CT 검사를 하거나 서울에서 뉴욕까지 비행기로 왕복하기만 해도 미량의 방사선에 노출된다. 장소에 따라 다르지만 라돈·라듐 온천에 한 번 들어갈 때 피폭되는 방사선량은 겨우 0.0003~0.01mSv에 불과하므로 매일 들어가도 몸에 이상이 생기지는 않는다.

그러나 라돈·라듐 온천이 건강에 좋은지는 또 다른 이야기다. 호르메시스 효과는 1980년대에 발표된 논문에 실린 이론에서 기인했는데(Luckey, 1982), 오늘날까지도 이 가설이 충분히 검증되었다고는 볼 수 없다. 호르메시스 효과의 조건에 관한 이론을 구축하고 데이터를 검증하는 과정이 필요하다.

한때 금기시되었던 온천

일본에서는 1982년 '온천법'이 제정되면서 임산부가 온천에 들어갈 수 없었다. 그러나 명확한 과학적 근거가 없었기 때문에 2014년에 법이 개정되면서 금지 규정은 철폐되었다. 이처럼 검증되지 않은 가설과 이론이 나중에 기각되는 사례도 과학에서는 의미가 깊다.

과학은 검증을 거듭하며 변화한다. 그 과정에서 검증되지 않은 가설이 기각되기도 한다.

온천 성분으로 입증된 효과

산성 온천수와 망가니즈, 요소를 넣은 배지에서 잡균이 증식하지 않음으로써 아토피성 피부염, 동맥경화성 폐색증에 대한 온천의 효과가 입증되었고, 염류 온천에서는 이산화탄소, 황화수소에 의한 혈관 확장 작용 및 보온 효과가 입증되었다. 온천의 효과는 이론적으로 충분히 설명할 수 있다.

온천 종류	온천에 들어갔을 때	온천물을 마셨을 때
단순 온천	자율신경 이상에 의한 불안장애, 불면증, 우울감	—
염화물 온천	베인 상처, 냉증, 우울감 등	위염, 변비
탄산수소염 온천	베인 상처, 냉증 등	소화성 궤양, 역류성 식도염, 당뇨병, 통풍
유황 온천	베인 상처, 냉증, 우울감 등	쓸개관 기능 장애, 고콜레스테롤혈증, 변비
이산화탄소 온천	베인 상처, 말초동맥질환, 냉증, 자율신경 이상에 의한 불안장애	기능성 위장 장애
함철 온천	—	철결핍빈혈
산성 온천	아토피성 피부염, 당뇨병	—
요소 온천	—	고콜레스테롤혈증
유황 온천	아토피성 피부염, 습진 등	당뇨병, 고콜레스테롤혈증
방사능 온천	통풍, 류머티즘성 관절염 등	—

성분이 없어도 '온천'

일본의 '온천법'에 따르면, ① 용출 시 온도가 25℃ 이상, ② 지정된 특정 성분 및 용존 물질의 총량이 규정 이상이라는 두 규정 중 하나 이상을 만족하면 온천으로 지정된다. 따라서 수증기나 가스처럼 액체 상태가 아닌 물질도 온천 범주에 들어간다.

온천으로 규정하는 온도는 나라마다 다르다. 한국에서는 일본과 마찬가지로 용출 시 25℃ 이상의 온수, 대만에서는 30℃ 이상의 온수를 기준으로 한다. 화산 국가인 일본에서는 수천 m 아래의 지하수맥에서 대체로 25℃ 이상의 물이 뿜어져 나오므로 단순한 지하수도 '천연 온천'으로 부를 수 있다.

충분히 검증되지 않은 온천도 많다

'온천법'의 기준을 충족해서 온천으로 분류된 물일지라도 똑같은 온천은 아니다. 호르메시스 효과처럼 과학적으로 미묘한 이론을 근거로 삼는 사례도 있기 때문이다.

독소를 배출하는 디톡스?

어디서 어떻게 배출하는지 알 수 없는 디톡스의 '독소'

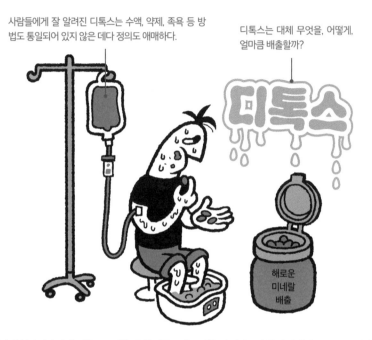

사람들에게 잘 알려진 디톡스는 수액, 약제, 족욕 등 방법도 통일되어 있지 않은 데다 정의도 애매하다.

디톡스는 대체 무엇을, 어떻게, 얼마큼 배출할까?

해로운 미네랄 배출

정의가 불분명한 탓에 디톡스로 배출된다는 '독소'가 무엇을 가리키는지 알기 어렵다. 독소를 몸에서 배출해야 할 불필요한 물질로 정의한다면 조건에 따라서는 평상시 배출하는 대변과 소변도 디톡스의 대상이 된다. 그리고 잉여 물질을 배출한다고 해도 얼마나 많아야 잉여 물질인지, 어떤 물질을 얼마나 배출해야 몸에 좋은지도 확실하지 않다.

디톡스란 몸에서 노폐물과 불순물을 배출해서 몸의 건강을 지키는 요법이다. 단, 알코올 의존증이나 약물 의존증 환자를 대상으로 약물을 배출하기 위해 실시하는 의료 행위와는 구분되어 쓰이는 용어다. 체내에서 중금속을 제거하는 해독 요법인 킬레이션 치료와도 다르다.

몸에 있는 독소를 배출한다는 내용이 디톡스의 핵심인데, 여기서 '독소'가 구체적으로 무엇을 가리키는지 확실하지 않다는 결함은 이론으로서 치명적이다. 디톡스는 명확한 정의가 없고 개념도 방법도 정리되지 않아 하나의 용어로 정립하기에는 불분명한 면이 많다. 사람들이 생각하는 디톡스의 이미지는 대부분 해독을 의미하는 영어 detoxification에서 기인하는데,

노폐물 배출의 의미

신장은 혈액을 여과하는 한편 몸 안에 남아 있는 노폐물, 수분, 과도하게 섭취한 염분 등을 오줌과 함께 몸 밖으로 배출하는 작용을 하는 기관이다. 디톡스가 사람의 몸에서 노폐물을 배출하는 기관의 작용과 무엇이 다른지 설명이 필요하다.

인체가 원래 수행하는 노폐물 배출 작용 외에 어떻게
노폐물을 몸 밖으로 배출하는지 명확하지 않다.

무엇을 어떻게 배출하는지는 전혀 알 수 없다. 독소를 해로운 미네랄로 정의하는 설도 있지만 해로운 미네랄로 분류한 물질을 얼마나 배출해야 디톡스인지에 대한 논의가 이뤄진 적은 없다.

족욕의 디톡스 효과를 주장하는 고액 상품이 시중에 판매되고 있지만, 따뜻한 물에 발을 담그는 행위와 디톡스 요법의 차이를 설명하지 않고 족욕의 효과를 디톡스의 효과로 바꿔 광고하는 경우가 대부분이다. 그리고 이러한 상품 광고에는 따뜻한 물에 발을 담갔을 때 물이 탁해지는 묘사를 넣기도 하는데, 판매 촉진을 위한 연출일 뿐 물이 탁해진다고 독소가 배출된다는 사실이 검증된 것은 아니다. 그 밖에 식염수에서 전기 분해를 일으키는 단순한 화학 반응을 이용한 상품도 있다.

효과가 불분명한 족욕 디톡스

무작위 대조군 연구를 통해 고령자가 하루에 30분씩 한 달 동안 족욕을 하면 수면 시간과 수면의 질이 개선된다는 사실이 증명되었다. 그러나 이는 디톡스가 아니라 단순히 입욕의 효과일지도 모른다.

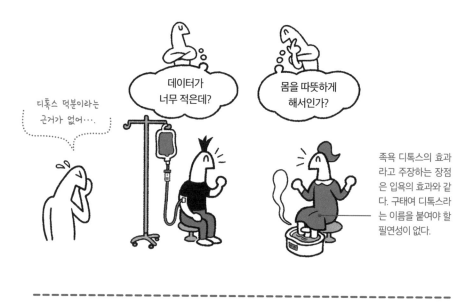

족욕 디톡스의 효과라고 주장하는 장점은 입욕의 효과와 같다. 구태여 디톡스라는 이름을 붙여야 할 필연성이 없다.

아무도 모르는 디톡스의 정의

노폐물을 몸 밖으로 내보내기만 하면 건강해진다고 주장하는 디톡스. 어감이 부정적인 '노폐물'이라는 용어를 사용했지만, 정확히 어떤 물질을 어떻게 배출해야 하는지는 알 수 없다.

정의가 불분명한 탓에 무엇을 몸 밖으로 내보내는지 아무도 모른다.

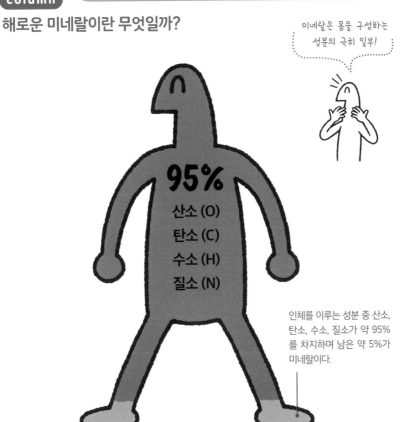

column

해로운 미네랄이란 무엇일까?

미네랄은 몸을 구성하는 성분의 극히 일부!

95%
산소 (O)
탄소 (C)
수소 (H)
질소 (N)

인체를 이루는 성분 중 산소, 탄소, 수소, 질소가 약 95%를 차지하며 남은 약 5%가 미네랄이다.

'해로운 미네랄'이라는 독소가 디톡스로 배출된다고 설명하는 상품들이 있다. 여기서 해로운 미네랄은 알루미늄, 비소, 카드뮴, 수은, 납 등의 원소를 가리키는데, 공식적으로 확립된 정의는 아니다. 애초에 미네랄은 산소, 탄소, 수소, 질소 등 사람의 몸을 구성하는 네 가지 주요 원소를 제외한 원소의 총칭이다. 그중 체내에 존재하며 몸에 꼭 필요한 영양소 16종을 필수 미네랄이라고 한다. 미네랄이 건강에 좋은 이미지라 해도 주요 원소 4종을 제외한 원소 114종이 모두 미네랄이며, 필수 미네랄이 아니더라도 부족하거나 과도하게 섭취하면 몸에 이상이 생긴다.

가령 독성이 큰 비소를 과다복용하면 중독되어 죽을 위험이 있지만 반대로 결핍증은 거의 일어나지 않는다. 그러나 해산물과 쌀을 비롯하여 비소가 미량 들어 있는 식품은 많으므로 우리는 모두 비소를 매일 미량 섭취하는 셈이다. 이 비소는 물론 알루미늄, 납 등의 원소 역시 미량이지만 우리 몸을 구성하는 원소이므로 인체의 일부라고 할 수 있다.

과거에 일어났던 수많은 사건 사고나 건강 피해가 사람들의 뇌리에 박히면서 '해로운 미네랄'이라는 인식이 생기지 않았을까. 그러나 양이 부족해도 지나쳐도 악영향을 끼치므로, 몸에 필요한 미네랄이라도 적정량만 섭취하는 것이 중요하다.

블루라이트의 유해성을 검증하다

무의미한 블루라이트 차단

블루라이트를 차단해서
눈을 보호한다!

눈의 피로를
완화한다!

블루라이트를 차단했을
때 건강해진다는 주장은
데이터가 부족하다.

가시광선의 파장

| 자외선 | 가시광선 | 적외선 |

이쯤….

…?

블루라이트는 가시광선 중 파장이 짧은 광선(460~500nm)이다.
블루라이트는 우리 주변 어디에나 있다.

블루라이트가 몸과 마음에 악영향을 끼친다는 이유로 이를 차단하는 필터가 판매되고 있지만 과학적인 이론과 데이터는 부족하다. 식품이나 의약품과 달리 필터 같은 공업 제품에는 규제가 미치지 못한 탓이다.

눈에 나쁜 블루라이트를 차단하는 필터와 안경을 흔히 볼 수 있는데, 이 '블루라이트'는 정확히 어떤 빛을 가리킬까? 앞에서 본 디톡스와 마찬가지로 이 역시 정의가 불분명한 용어다.

단순히 생각하면 블루라이트는 문자 그대로 청색광, 즉 가시광선 중 파장이 짧은 광선(460~500nm)을 뜻한다. 일각에서는 파장이 380~530nm인 빛을 고에너지 가시광선이라고 부르며 블루라이트로 정의하기도 한다. 어느 쪽이든 왜 이 파장의 빛만 눈에 나쁜지에 대한 설명이 불충분할뿐더러 검증된 데이터도 거의 없다. 메타 분석과 무작위 대조군 연구 등 신뢰도가 높은 연구에서는 블루라이트를 차단했을 때 수면의 질이 개선되고 눈의 피로를 덜어

태양광에 더 많은 블루라이트

LED에 포함된 블루라이트보다 태양광에 포함된 블루라이트가 훨씬 많다. 블루라이트 차단 필터를 사용해야 한다면 특정 공업 제품을 사용할 때만 블루라이트를 차단해야 할 타당한 이유가 필요하다.

가시광선 중 파란색보다 파장이 짧은 보라색 광선에 문제를 제기하는 주장은 거의 없다.

보통 컴퓨터 모니터에서 나오는 블루라이트보다 태양광에서 나오는 블루라이트의 양이 압도적으로 많다.

준다는 설명에 대해 긍정적인 결과와 부정적인 결과가 섞여 있으며, 연구 수와 피험자 수도 극히 소수에 불과했다(Silvani, et al., 2022).

만약 HEV(고에너지 가시광선)와 모순되지 않으면서 가시광선보다 파장이 짧은 자외선을 포함한 광선을 블루라이트라고 부른다면 문제는 없다. 다들 알다시피 대량의 자외선은 몸에 안 좋은 영향을 끼치기 때문이다. 그러나 그렇게 되면 자외선이 나오지 않는 스마트폰과 컴퓨터에 왜 필터를 씌워야 하는지 알 수 없게 된다.

한편 범죄 방지, 자살률 감소, 파란색 글자에 의한 암기력 향상 등 파란색이 몸과 마음에 좋은 영향을 준다는 주장도 있다. 그러나 이 역시 개인의 경험담이거나 해외의 정보가 잘못 전달되어 만들어진 설이다.

신뢰도 높은 데이터가 없는 블루라이트 유해설

블루라이트와 블루라이트 차단의 유효성을 증명하는 신뢰도 높은 과학적 데이터는 찾을 수 없다. 다른 항에서 자세히 설명하겠지만, 무작위 대조군 연구와 블라인드 테스트(맹검법)처럼 데이터의 신뢰성을 담보로 하는 연구 설계가 없고 피험자 수도 적어 현재로서는 제품으로 응용할 수 있는 단계라고 보기 어렵다.

블루라이트를 차단했을 때 수면의 질이 높아진다는 연구 결과도 있지만, 파장이 짧은 빛일수록 쉽게 눈부시고 빛을 받으면 당연히 잠을 못 자므로 블루라이트에 국한된 이야기는 아니다.

잠을 못 잔 것 같은 사람

피곤한 사람

작업에 집중하지 못하는 사람

파란색이 암기에 좋다는 설은 근거가 없다

과학적 근거가 없는 주장이므로 실제로 이를 검증한 실험 결과도 부정적이었다. 청색광에 의한 범죄 억제 효과는 다음 칼럼을 참고하자.

파란색 펜을 쓰면 머리에 잘 들어와!

……

파란색이 주는 느낌을 이용해서 홍보하는 상품의 효과가 입증된 적은 없다.

검증 여부를 파악하라!

몸에 나쁜 효과도 있고 좋은 효과도 있다는 블루라이트. 이를 이용한 제품이 많지만 제대로 검증되었다고는 할 수 없다.

블루라이트가 범죄를 줄인다고?

파란빛 가로등을 설치하면 범죄가 감소한다는 설이 있다. 청색광이 사람의 심리와 행동에 미치는 영향을 증명한 사례로 알려졌지만, 사실 서양에서 있었던 일이 잘못된 형태로 전해진 사례다(須谷, 2008).

치안이 나빴던 영국의 도시 글래스고는 주민의 안전과 환경을 개선하기 위해 가로등의 불빛을 파란색으로 바꿨다. 마약 중독자가 약물을 주사할 때 팔의 정맥이 잘 보이지 않게 하기 위해서였다. 이 조치를 통해 마약 관련 범죄가 감소한 것처럼 보였지만 사실 마약 중독자들이 다른 지역으로 떠났을 뿐, 총 범죄 건수는 줄지 않았다. 그러나 일본 방송국은 청색광 덕에 영국의 범죄가 감소했다고 보도했고, 자치단체들이 나서서 유사한 정책을 시행했다. 사람들이 이 정책을 긍정적으로 받아들이면서 마치 청색광에 의한 심리 효과 덕에 범죄가 줄었다는 오해가 일본에 퍼지게 되었다.

물론 정말로 청색광에 의한 심리 효과가 범죄 감소에 영향을 주었을지도 모르고, '그러한 정보가 사회에 퍼짐으로써 생긴 심리 효과'가 영향을 주었을 가능성도 있다. 그러나 실제로는 청색광에 의한 범죄 억제 효과의 원리가 명확하지 않고, 이를 증명하는 과학적 데이터도 거의 없는 상태다. 비슷한 결로 역 플랫폼의 조명을 파란색으로 바꾸면 투신자살하는 사람이 줄어든다는 말도 있지만, 이 역시 위 사례에서 유래한 설이고 현재로서는 과학적 근거는 거의 없다.

제 3 장

유사과학의 데이터를
파헤치다

유사과학을 구별하는 관점 중 데이터는 특히 중요하다.

각종 편향에 주의하면서 인과관계를 파악하는 것은 과학 문해의 큰

목표다. 데이터의 신뢰도는 강약 조절이 중요하며, '증거'라는 말에

사로잡히지 않으려면 독해력을 키워야 한다.

11 도서관을 지으면 범죄가
늘어난다고?

허위 상관관계에 주의하라

도서관 증설과 범죄 증가는 인구의 증가와
관련된 요인일 뿐, 인과관계가 아니다.

영향을 주는 요인이 수없이 많아 원인 → 결과라는 인과관계를 올바르게 추정하기는 매우 어렵다. 특히 사람을 대상으로 허위 상관관계가 아닌 올바른 인과관계를 검토할 때는 실험이 중요하며 불필요한 요인을 철저하게 배제한 연구 설계가 필요하다.

A라는 원인으로 B라는 결과가 된다는 인과관계를 밝히는 것은 과학의 중요한 목표다. 이를 위해서는 진짜 인과관계 뒤에 숨은 '허위 상관관계'를 파악할 줄 알아야 한다. 예를 들어 '지역에 도서관이 많을수록 범죄가 잦다. 따라서 도서관을 지으면 범죄가 늘어날 것이다'라는 논리로 주장을 펼친다고 해보자. 이 주장에 따르면 범죄의 원인이 도서관이라는 말인데, 정말로 그럴까?

  사실 여기에는 '인구'라는 요인이 숨어 있다. 인구가 많은 지역에는 확률적으로 범죄 건수도 많고 도서관도 상대적으로 많다. '도서관'과 '범죄'는 상관관계(두 변수 사이의 관계)로 이어져

올바른 인과관계를 검토할 때 필요한 조사 방법

인과관계와 상관관계의 착오를 살펴보자. '유명한 사람은 거의 100% 어린 시절 부모님께 혼난 적이 있다. 그러므로 아이가 유명해지기 원한다면 엄하게 키워야 한다'라는 주장이 있다고 해보자. 하지만 누구든 어렸을 때 한 번쯤 부모님께 혼난 적이 있을 터이므로, 이 주장의 타당성을 검토하려면 어렸을 때 부모님께 혼난 적이 없는 사람과 비교해야 한다.

어렸을 때 혼났다

유명하지 않다

유명인

유명인은 아니지만 어렸을 때 부모님께 혼난 사람은 얼마든지 있다.

유명인이 아닌 사람과 비교해보니 어렸을 때 부모님께 혼났다는 사실은 유명인이 되는 것과 관계가 없었다.

있고, 인구라는 요인이 두 변수에 영향을 미친 것이다. 이처럼 원래 인과관계가 아닌데 숨은 요인이 작용해서 인과관계처럼 보이는 두 변수의 관계를 허위 상관관계라고 한다.

이처럼 눈에 보이는 관계가 전부 진짜 인과관계는 아니므로 표면적인 관계성에 사로잡히지 않도록 주의해야 한다. '건강검진에서 대사증후군 진단을 많이 받을수록 오래 산다. 따라서 살이 찌면 수명이 길어진다', '몸집이 큰 아이가 성적도 좋다. 따라서 많이 먹으면 뇌가 활발해져서 똑똑해질 것이다' 등도 허위 상관관계를 보여주는 예시다. 전자는 건강검진을 자주 받을수록 질병을 일찍 발견할 확률이 높아지는 '건강 인식' 때문이고, 후자는 학년이 올라갈수록 지식이 풍부해지므로 '나이'가 원인이지만 둘 다 겉으로 드러나지 않는 요인이다. 인과관계를 섣불리 단정 지어서는 안 된다.

사람들이 쉽게 믿는 인과관계

언론에서 보도하는 뉴스는 의도적으로 인과관계를 강조할 때가 많은데, 두 사실의 단순한 관계성을 나타낼 뿐이어서 설득력이 낮고 의미를 전달하기 힘들다. 수렵·채집 사회의 인류가 모든 일의 인과관계를 추정했기에 문명이 발전할 수 있었다. 시청자가 뉴스에 보도된 인과관계를 그대로 받아들이기 쉬운 이유도 이 때문이다.

간결한 의미 전달을 중시하면 일방적인 의견이 되어버리는 때가 많다.

아이를 혼내야 교육이 된다!

시청자는 언론의 정보를 그대로 받아들이는 경향이 있다.

음모론에 빠지지 않도록 판단은 신중하게

두 대상의 관계성을 지나치게 의심하면 이른바 음모론에 빠질지도 모른다. 음모론에 빠지면 원래 관계가 없는 사건들에서도 관계성을 찾는 지경에 이른다.

음모론은 근거가 있든 없든 소수의 강력한 조직이나 집단이 모든 사건의 원인이라고 믿는 경향이다.

표면적인 관계성만으로 단정 지으면 안 되겠구나!

인과관계를 가리키는 화살표 자체가 잘못되었을 가능성도 있으므로 잘 알아봐야 한다.

인과관계를 밝히는 것이 과학의 중요한 목표

상관관계를 자세히 조사해서 인과관계를 찾는 것이 과학의 역할이다. 표면적인 관계성에 휘둘리지 않도록 허위 상관관계에 주의해야 한다.

도서관 → 악

교육에 좋은데…

허위 상관관계 인데…

치안이 오히려 좋아지는데…

허위 상관관계에 사로잡히면 주변 사람들의 올바른 의견은 귀에 들어오지 않고 음모론에 빠진다.

column

사분할표란?

삼단 논법에 따른 검증은 앞뒤가 맞지 않아도 관계가 있는 것처럼 보이므로 인과관계가 성립한다고 할 수 없다.

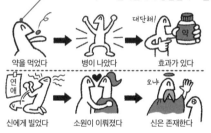

약을 먹었다 → 병이 나았다 → 효과가 있다

신에게 빌었다 → 소원이 이뤄졌다 → 신은 존재한다

사분할표※	독해력이 올랐다	독해력이 오르지 않았다
새 교재를 사용했다	A	B
새 교재를 사용하지 않았다	C	D

이 문장을 읽고 생각해보자. "새 교재로 공부하면 반드시 독해력이 오른다. 학생 1만 명을 대상으로 시험을 본 결과 독해력이 오른 학생이 95% 이상이었다."

이때 샘플 수가 충분하므로 효과가 검증되었다고 생각할지도 모른다. 그러나 이 데이터는 문제가 있다. 새 교재 없이도 독해력이 올랐을 가능성이 있기 때문이다. 기존 교재로도 같은 효과를 얻을 수 있고, 특히 학생 때는 성장하면서 독해력도 오른다. 샘플이 아무리 많아도 '교재를 사용했다 → 성적이 올랐다 → 효과가 있었다'라는 단순한 삼단 논법은 인과관계를 추정하기에 부족하다.

사분할표는 이러한 단점을 어느 정도 보완할 수 있다. 새 교재 사용 유무에 따른 독해력 향상 효과를 비교하면 된다. 그러나 비교 대상인 두 집단의 성질이 지나치게 다르면 사분할표도 한계가 있으므로, 무작위 대조군 연구(16항 참조)처럼 샘플 집단의 성질을 균일화하는 것이 중요하다.

※ A와 B가 일어날 비율(A/B)과 C와 D가 일어날 비율(C/D)을 비교해서 나타낸 수치를 승산비(오즈비)라고 한다. 승산비가 1이면 두 비율이 같고, 1을 크게 웃돌면(밑돌면) 둘이 상관관계일 확률이 크다(작다)고 해석한다.

12 제일 믿을 수 없는 말이 전문가의 의견!

데이터의 신뢰도 피라미드

근거 기반 피라미드(근거 수준)는 원래 EBM(근거 기반 의료)에서 진료 가이드라인을 책정할 목적으로 쓰였으나, 지금은 사람을 대상으로 한 과학적 데이터의 신뢰도를 평가하는 기준으로 활용된다.

과학적 데이터에서 신뢰할 수 있는 데이터란 무엇일까? 평가 포인트는 '다른 사람도 같은 결과를 얻을 수 있는가(재현성)', 그리고 '편견과 주관적 인상을 완전히 배제한 데이터인가(객관성)' 이 두 가지다.

물건이 아니라 사람이 대상일 때 재현성을 높이려면 조건을 통제해야 한다. 피험자의 나이와 성별처럼 결과에 영향을 줄 조건을 각각 다른 데이터군으로 집계하고, 겉으로 드러나지 않는 신조와 경험의 축적처럼 수치화할 수 없는 개인차는 무작위 샘플을 대량으로 활용하면 통계적으로 상쇄할 수 있다.

우리 주변에서 배우는 연구 설계의 신뢰도

연구 설계에 기반을 둔 데이터 평가는 사회 구조에도 깊게 관련되어 있다. 의약품은 물론 건강식품과 영양제 중 특정 보건용 식품(일본 소비자청의 유효성·안전성 심사를 통과한 건강식품 – 역주) 혹은 기능성 표시 식품으로 인가받은 제품과 인가받지 못한 제품, 그리고 미용품처럼 대상 외인 제품 등 효과의 과학적 검증 수준에 따라 엄밀히 구분되어 있다.

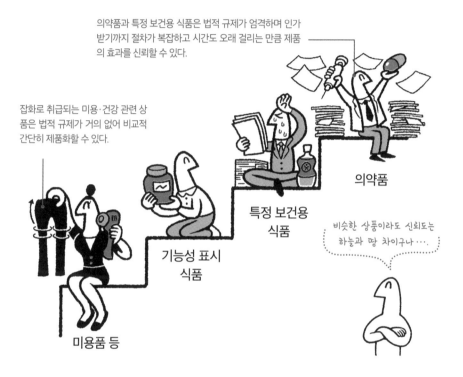

의약품과 특정 보건용 식품은 법적 규제가 엄격하며 인가받기까지 절차가 복잡하고 시간도 오래 걸리는 만큼 제품의 효과를 신뢰할 수 있다.

잡화로 취급되는 미용·건강 관련 상품은 법적 규제가 거의 없어 비교적 간단히 제품화할 수 있다.

의약품

특정 보건용 식품

비슷한 상품이라도 신뢰도는 하늘과 땅 차이구나⋯.

기능성 표시 식품

미용품 등

실험에 참여하는 피험자와 실험을 진행하는 연구자의 편견(편향)이 데이터에 반영되어 객관성이 떨어지기도 한다. 가령 피험자가 고민하고 있다고 믿으면 관찰자는 피험자의 고민이 있는 듯한 언동에 신경 쓰게 된다. 실험의 객관성을 높이려면 기계로 측정하거나, 실험을 제3자에게 맡기거나, 편견을 배제하는 블라인드 테스트를 수행해야 한다.

이처럼 데이터의 가치는 '어떤 연구로 얻을 수 있는가'라는 연구 설계로 판단할 수 있다. 그리고 이를 판단할 때는 '근거 수준'이라는 개념을 참고하면 좋다. 연구 설계를 토대로 과학적 데이터의 신뢰도에 순위를 매긴 피라미드형 도표로, '인지 편향'의 영향을 고려해서 정한다.

공표 기관에 따라 약간 차이는 있으나 데이터가 없는 전문가 개인의 의견이나 극히 특수한 개별 사례를 다룬 연구 설계는 신뢰도가 낮다.

신뢰도가 높은 특정 보건용 식품

특정 보건용 식품과 기능성 표시 식품은 똑같이 건강식품·영양제로 분류되기 쉽지만, 인가에 필요한 데이터의 질은 전혀 다르다. 특정 보건용 식품은 사람을 대상으로 제품을 사용한 실험 데이터가 필요하며 개발에 수억 원 이상의 비용과 시간이 든다. 그 대신 국가가 보증하므로 효과를 믿을 수 있다.

특정 보건용 식품은 국가가 엄밀히 심사 하므로 기업은 제품 개발에 심혈을 기울 인다.

심사를 통과하기까지 수 년 단위로 시간이 걸리는 탓에 사업 기회를 놓치기 도 한다.

신뢰도가 낮은 기능성 표시 식품

특정 보건용 식품과 달리 기능성 표시 식품은 보통 피험자 수, 실험 수 등을 요구하지 않으므로 유효 성분에 관한 논문 리뷰만 제출하면 된다. 서류만 제출하면 기업의 책임으로 상품의 효과(기능성)를 패키지 및 광고에 표시할 수 있어 기업의 개발 범위가 비약적으로 넓어진다.

기능성 표시 식품

소비자는 국가가 제도적으로 보증한 제품이 아님을 인지 한 상태에서 구매할지 말지 판단해야 한다.

기능성 표시 식품의 책임 소재는 국가가 아니라 기업이다.

전 세계 어딘가의 누군가가 실시한 무작위 대조군 연구 로 성분의 효과만 증명하면 OK.

표시된 효과의 신빙성을 파악하라

증거(과학적 데이터)의 순위를 매기면 소비자가 상품의 유효성을 파악할 때 유용하다.

소비자는 건강식품에 표기된 각종 효과가 얼마나 신빙성 있는지 파악할 수 있어야 한다.

---

column

코크란 라이브러리

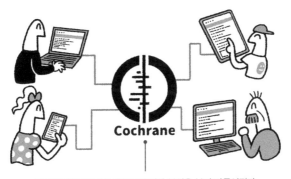

코크란 라이브러리의 엠블럼은 메타 분석을 본떠 만들어졌다.
메타 분석은 다른 항에서 자세히 다룰 예정이다.

코크란 라이브러리는 의료 분야의 글로벌 데이터베이스다. 치료법의 유효성과 한계를 연구한 전 세계의 데이터를 수집해서 통계적으로 분석한 메타 분석 자료가 7,500건 이상 공개되어 있는, 간단히 말해 정밀도 높은 종합 연구 저장소다. 코크란 라이브러리에 공개된 리뷰는 근거 기반 의료 중에서도 국제적으로 최고 수준이며 의학적 근거를 질적으로 검토할 때 중심적인 역할을 한다. 원래 1992년 영국 국민 보건 서비스(NHS)의 일환으로 시작한 코크란 라이브러리는 합리적인 의사 결정을 위해 의료 관계자뿐만 아니라 일반 소비자에게도 리뷰 결과를 제공하고 있다.

혈액 클렌징의 근원인 오존요법, 동종요법, 카이로프랙틱 등 민간요법과 대체요법 분야까지 폭넓게 다룰 만큼 리뷰 대상이 매우 다양해서, 메타 분석 데이터를 읽는 방법을 아는 사람에게는 유익한 정보가 가득한 보물창고나 다름없다. 리뷰를 온라인으로 열람할 수 있고 다양한 언어로 번역되어 있으므로 메타 분석의 개요와 해석법을 숙지한 사람은 한번 검색해봐도 좋을 듯하다.

자기도 모르게 속는 확증편향

화자에 따라 달라지는 신뢰도

전문가의 전문 영역은 세세하게 나뉘어 있으며 견해가 다른 전문가의 의견도 있다. 하지만 그것까지 전부 전달되지는 않는다.

시청자는 전문가라는 직함만 보고 그 사람의 발언과 방송 내용을 믿는 경향이 있다.

매체가 전문가를 중요하게 기용하는 이유 중에는 내용에 직접 책임지지 않아도 되기 때문이라는 점도 있다. 그래서 매체는 자신들의 취지에 맞는 전문가를 기용한다. 게다가 매체에 출연한 전문가는 자신의 전문 영역이 아닌 내용까지 해설해야 할 때도 있기에 전문가가 출연하더라도 신뢰도가 매우 낮다는 것이 현 방송의 실태다.

책을 읽거나 TV를 틀면 종종 전문가를 볼 수 있다. 많은 전문가가 자기 전문 분야를 해설하기 위해 출연하고 독자 또는 시청자도 전문가의 의견을 기대하지만, 사실 구체적인 데이터가 없는 전문가의 사적 의견은 과학적 데이터로서 신뢰성이 매우 낮다. 앞에서 근거 수준을 설명할 때도 언급했다시피 대상이 사람인 분야에서 전문가의 의견이 전체 지식을 좌우하는 일은 거의 없다. 데이터와 관계없이 특정 전문가의 의견으로 분야 전체의 입장이 결정되는 구조는 유사과학에 가깝다.

전문가처럼 보이는 인상에 속지 마라

전문가의 의견은 상대방에게 후광 효과(헤일로 효과)를 준다. 후광 효과란 어떤 사람을 봤을 때 그 사람의 일부에 대한 평가가 전반적인 인상에 대한 평가에 영향을 미치는 인지 편향이다. 실제로는 신용할 수 없는 말이라도, 화자가 옷을 말끔하게 차려입은 사람이라면 뇌리에 남아 무의식적으로 신뢰도가 높아진다.

설령 신뢰도가 낮은 비전문가의 말이라도 옷을 말끔하게 차려입은 사람이 하면 상대방은 그대로 믿는다.

설령 전문적이고 올바른 의견을 내더라도 차림새가 받쳐주지 않으면 상대방은 그 사람의 말을 믿지 않는다.

전문가의 의견이 상대적으로 신뢰도가 낮은 이유는 전문가도 사람이기에 자신의 주장과 신념에 따라 정보를 선택적으로 받아들이는 확증편향에 빠질 가능성이 있기 때문이다. 우리 역시 오랫동안 유사과학에 관한 웹사이트와 커뮤니티를 운영해왔지만, 확증편향에 빠지면 예리하고 이성적인 사람도 치우친 의견을 내세우기 마련이다.

한때는 유사과학을 판별하기 위해 전문가의 의견을 참고했지만, 전문가끼리 의견이 갈리면 한쪽 의견에 따랐을 때 폐해가 크다. 다만 누군가의 의견을 따르면 자신의 인지 자원을 절약할 수 있다는 장점도 있으니 일단 믿고 나중에 반성하는 편이 나을지도 모른다.

"어디까지나 개인의 의견입니다"

한 분야의 전문가라고 직설적으로 말하지 않더라도, 예를 들어 '하버드대학이 xx라고 주장했다'처럼 어떤 권위에 의지해서 주장의 정당성을 호소하기도 한다. 그러나 대학과 조직이 그 주장을 보장하지는 않으므로 연구자 혹은 교직원의 의견과 대학의 공식 입장은 구분해야 한다.

권위를 내세워 신뢰를 얻으려는 태도는 '하버드대학 방향'에서 왔다는 사실을 하버드대학에서 온 것처럼 보이게 만드는 것이나 다름없다.

연구 범위도 천차만별

'△△대학에서 연구 중이다' 같은 문구를 홍보에 곧잘 쓰지만, 혁신적인 발견을 이룬 연구는 극히 드물다. '연구 중'이라는 말만 붙이면 실제 상황이 어떻든 거짓말은 하지 않았다는 논리를 이용할 뿐이다.

공동연구라고 해도 실질적으로는 연구 비용만 지원하는 사례도 많다. 연구에 도움이 될지 몰라도 전문적인 지식이 있다고는 할 수 없다.

최첨단 연구 중 90% 이상이 실패한다고 가정하면 연구자는 '실패한 연구'를 병행했을 가능성이 크다. 이럴 때는 성과라고 할 만한 공저 논문을 확인하면 된다.

지금은 전문가 바겐 세일 시대

매체에서 곧잘 보이는 '전문가'는 얼마나 믿을 수 있을까? 어쩌면 적당히 거리를 두는 편이 좋을지도 모른다. 그 전문가가 얼마나 실적을 쌓았고 어떤 위치에 있는지 파악하는 것이 중요하다.

자기 입맛대로 이용해온 미디어가 원인?

전문가라는 직함이 흔해지면서 거의 의미가 없어졌다.

column

눈도 귀도 막힌다고? 어마어마하게 강력한 확증편향

우울증이라는 가능성에 한번 사로잡히면 다른 가능성을 배제해서 그밖의 의견을 보지도 듣지도 않게 된다.

치매일지도 몰라.

확증편향이란 자기 생각과 부합하는 정보에는 귀를 기울이지만 그렇지 않은 정보는 눈길을 돌리거나 과소평가하는 경향이다. 확증편향의 영향을 증명하는 연구 중 인상적인 내용을 소개한다.

Mendel 등(2011)은 정신과 의사와 의학과 학생 들을 대상으로 확증편향을 조사했다. 우울증처럼 보이는 가상의 환자를 설정하고 병세를 보여준 다음 해당 환자가 알츠하이머성 치매인지 우울증인지 예비 진단을 내리게 한다. 피험자는 전달받은 상세한 정보를 토대로 최종 진단을 내린다. 사실 이 환자는 알츠하이머성 치매를 앓고 있었고 두 질병의 상세한 정보를 비교하면 정확한 진단을 내릴 수 있었지만, 우울증이라는 예비 진단을 내린 다음에도 이를 바꾸지 않고 확증편향대로 한쪽 질병의 정보만 수집해서 진단을 내리면 잘못된 결론에 빠지는 구조의 실험이었다. 실험 결과 정신과 의사 중 13%, 의학과 학생 중 25%가 확증편향에 빠진 채 정보를 수집했고 잘못된 결론에 이르렀다.

이처럼 전문가조차 확증편향에 빠지곤 한다. 확증편향은 어마어마하게 강력하므로 전문가의 의견을 들을 때는 일부러 반대 의견을 내는 방법이 좋을지도 모른다. 의견을 들은 전문가의 반응을 보고 상대가 확증편향에 빠졌는지 판단할 수 있기 때문이다.

실제 사례가 발견되는 쪽이 드물다

사례의 일반화에 주의하기

광고에 체험담을 넣으면 해당 상품의 구매 욕구와 매력을 북돋아 매우 강한 설득력을 발휘한다는 지적이 있다(土橋, 2021).

상품을 애용하는 소비자가 쓴 후기를 강조한 광고를 흔히 볼 수 있다. 광고 속 인물과 자신을 동일시해서 희망(현실성)을 품고 체험담의 내용을 과도하게 믿은 나머지 자기에게도 똑같은 효과와 효능이 나타나리라는 판단을 내리기에 이른다.

개인의 의견뿐만 아니라 데이터가 있더라도 보고 내용이 소수 사례라면 보편적으로 적용할 수 있을지 판단해야 한다. 사례는 어디까지나 사례에 불과하므로 모두에게 들어맞는 보편적인 지식일지, 즉 일반화할 수 있을지는 불확실하다. 특히 개별 사례라면 연구자와 피험자가 모두 확증편향에 빠질 위험성이 커 대상의 진짜 효과와 인과관계를 추정하기 어려울 때가 많다.

건강식품과 의약품은 종종 개인의 감상이라는 형태로 개별 사례가 모든 사람에게 통하는 것처럼 홍보하곤 한다. 이 경우 상품을 구매한 사람이 호의적인 평가를 남길 거라고 상정했

본질적인 이유는 바로 보이지 않는다

학교 성적이나 몸 상태 등에는 다양한 조건이 작용한다. 몸 상태가 우연히 바뀌다가 나았을 때도 우리는 적극적으로 의미와 이유를 붙인 끝에 약을 먹은 덕분이라고 생각한다. 무언가를 근시안적으로 관찰하면 본질적인 이유가 보이지 않게 된다. 이때는 조건을 바꿔가며 비교해서 차이를 파악하는 방법이 유효하다.

사실 다른 이유 때문인데도 블루베리를 먹지 않았기 때문이라며 받아들이기 쉬운 이유를 붙여 생각한다.

기 때문에 처음부터 데이터가 한쪽으로 치우쳤다는 지적도 제기된다.

유사과학은 특정 일화에서 시작되어 대중에게 퍼지는 경우도 많다. 예를 들어 블루베리가 눈에 좋다는 주장은 전쟁 중 영국 공군 조종사가 블루베리를 먹고 악천후 속에서도 시야가 흐려지지 않았다는 이야기에서 비롯되었다. 그러나 사실 조종사가 먹은 것은 블루베리가 아니라 당근이었고, 그마저도 비타민 A의 효과를 선전하기 위한 프로파간다였다고 한다. 게다가 블루베리를 먹고 시력이 좋아지는지 조사한 무작위 대조군 연구는 거의 없었다.

사례가 보고되었다는 말은 새로운 발견이 나올 수 있다는 뜻이고, 그런 의미에서 개별 사례 보고는 일반화를 위해 가설을 설정하고 현상을 상세히 설명·해석하는 데 활용되는 지식이라고 할 수 있다.

가능성이 있다고 일반론은 아니다

상세한 사례 보고는 공감을 끌어내기 쉽다. 가령 "우유와 유제품 섭취를 그만두었더니 유방암이 나았다"라는 체험담이 실린 책을 읽고 열렬히 공감하는 후기가 많이 올라온 적이 있다. 종양이 자연히 줄어든 사례도 극히 드물게나마 있지만, 예외 중의 예외다. 유제품과 암의 상관관계 역시 자기만의 생각일 가능성이 크다.

실제로 가능성이 있다고 해도, 마치 일반적인 지식인 양 독자에게 혼동을 주는 내용이라면 문제가 될 소지가 있다.

희귀 사례는 참고할 수 없다

사례 보고는 질적 연구와 상성이 좋다. 수치화하기 힘든 미묘한 뉘앙스를 표현할 수 있지만, 한편으로는 조건이 너무 달라 다른 사례와 비교하기 힘들다는 단점도 있으므로 일장일단이다.

희귀 사례 수집은 비경으로 떠나는 행위나 다름없다. 설령 사실이라도 보편적으로 응용할 수는 없다.

"암에 특효!"라 하더라도 잠깐 멈춰서 생각해보자

의료 기술이 발전하고 있다고 해도 획기적인 치료법은 정말 찾아보기 힘든 예외 중의 예외다. 암에 걸려 지푸라기라도 잡는 심정인 사람을 이용하는 상술도 많으므로 특히 주의해야 한다.

암에
특효!
잠깐
기다려!
획기적인 이야기는 솔깃하지만, 오히려 그래서 일반화할 수 없다고 생각할 줄 알아야 한다.

column

소수의 샘플로 인과관계를 추정하는 N-of-1 시험

이번엔 어떤 치료법을
시험해볼까~
무작위로 선택한 치료법 중 환자에게 가장 효과가 높은 치료법을 결정한다.
또르륵

소수의 샘플만으로 인과관계를 추정할 수밖에 없을 때는 N-of-1 시험을 활용할 수 있다. 효과를 검증하고자 하는 치료법들을 피험자 한 명에게 무작위로 시행하는 방법이다. 감기로 예를 들면 A, B, C라는 세 가지 치료제가 있다고 가정했을 때 그중 무작위로 한 약을 먹는다. 가능하면 협력을 구해 본인은 어떤 약을 먹었는지 모르게 블라인드 테스트를 진행하는 편이 바람직하다. 이후 똑같이 감기에 걸렸을 때 지난번에 먹지 않은 약 중 하나를 골라 먹은 다음 나을 때까지 걸린 시간 등의 치료 효과를 기록하고 비교하는 방법이 N-of-1 시험이다. 편향을 어느 정도 배제한 상태에서 어떤 약이 가장 자신에게 잘 들었는지 확인할 수 있다.

물론 N-of-1 시험을 적용할 수 있는 조건은 한정적이지만, 특정 개인에게 나타나는 효과를 규명할 때는 신뢰도가 높은 방법이다.

15 샘플 수가 전부가 아니다

과거를 돌아보는 환자 대조군 연구

질문자의 질문 방식에 따라 초점이 달라지거나 거짓 기억이 만들어지기도 한다.

장소가 원인이군.

공놀이가 원인이군.

심각한 질병이라면 실험자가 피험자의 상태에 영향을 받으므로 블라인드 테스트가 어렵다는 문제도 있다.

환자 대조군 연구에서는 질병 유무만 비교할 수 있도록 나이, 성별, 거주지역 등 다른 요인을 전부 같게 만든다. 다만 개개인의 차이를 전부 같게 할 수는 없고, 질병 유무에 따른 실험군이 이미 나뉘어 있으므로, 질병과 관련되어 있으나 눈에 보이지 않는 요인이 영향을 미칠 가능성을 무작위 대조군 연구로 상쇄할 수 없다.

데이터가 받쳐주지 않는 전문가 개인의 의견이나 사례 보고보다 근거 수준이 높은 방법이 바로 환자 대조군 연구와 코호트 연구 등의 분석 역학 연구다. 어떤 요인(가설)에 착안해서 대규모 샘플군에서 데이터를 수집·분석하는 방법이다. 일반적으로 인과관계를 밝힐 때는 조사와 관찰처럼 수동적인 방법으로 수집한 데이터가 아니라 실험 등 능동적인 방법으로 얻은 데이터를 활용한다. 환자 대조군 연구는 수동적으로 수집한 데이터, 코호트 연구는 능동적으로 얻은 데이터로, 코호트 연구보다 근거 수준이 높은 데이터라면 인과관계에 참조할 수 있는 근

미래를 추적하는 코호트 연구

코호트 연구에서는 가설 요인 이외의 조건을 가능한 같게 한 상태에서 경과를 추적한다. 예를 들어 조건이 같은 사람을 모아 식생활이 일식 중심인 사람과 양식 중심인 사람으로 나누고 암에 걸리는 비율을 10년에 걸쳐 조사·비교한다고 해보자. 그동안 질병과 관련된 다른 '보이지 않는 요인'이 밝혀질 가능성도 있고 인과관계 규명 측면에서는 환자 대조군 연구보다 훨씬 뛰어나다.

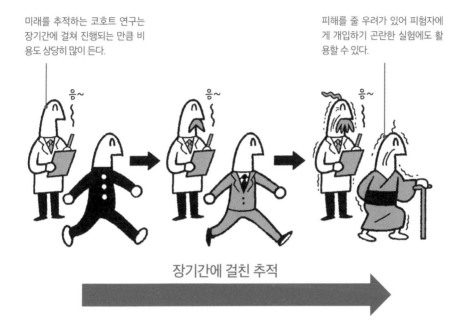

미래를 추적하는 코호트 연구는 장기간에 걸쳐 진행되는 만큼 비용도 상당히 많이 든다.

피해를 줄 우려가 있어 피험자에게 개입하기 곤란한 실험에도 활용할 수 있다.

장기간에 걸친 추적

거로 사용할 만하다.

환자 대조군 연구는 어느 시점에 특정 질병에 걸린 사람과 나이, 성별 등의 조건이 같은데 병에 걸리지 않은 사람을 비교선상에 두고 시간을 거슬러가며 양쪽에 관련된 요인을 조사하는 방법이다. 질병의 원인을 찾기에는 적합하지만, 피험자의 특성과 질문 방식에 따라 다른 사건을 떠올리게 되거나(기억 편향) 거짓 기억이 형성되는 단점이 있다. 인과관계를 주장하기에는 근거가 불충분하므로 다른 이론적 지식과 연결 지어 생각해야 한다.

반면 코호트 연구는 어느 시점에서 조사하고자 하는 요인(가설의 원점이 되는 원인)의 유무만 다른 두 집단에 초점을 맞춰 장기간 관찰함으로써 요인의 유무에 따른 특정 질병의 발생 및 예방의 연관성을 조사할 수 있다. 피험자의 기억에 의존하지 않아도 되므로 인과관계를 규명하는 방법으로서는 환자 대조군 연구보다도 신뢰도가 높다.

적합한 데이터 수집이 핵심

방대한 데이터를 통계적으로 분석하는 연구를 일반적으로 양적 연구라고 한다. 양적 연구를 이해하려면 추측통계학적 지식이 필요하지만, 추측통계학적 지식 없이도 데이터와 주장의 관계를 고려할 줄 알아야 한다.

데이터를 무작정 수집해도 의미가 없다. 필요한 데이터만 정리해서 생각하는 것이 중요하다.

샘플 수보다 중요한 데이터의 조건

양적 데이터를 수집할 때는 보통 샘플 수가 중요하다. '데이터가 적다', '샘플 수를 더 늘려야 한다' 같은 지적이 종종 제기되기 때문이다. 데이터 수도 분명 중요하지만, A → B라는 인과관계를 규명할 때는 '어떤 조건에서 얻은 데이터인가'라는 데이터 수집의 설계가 더 중요하다.

이 사람들 말도 들어야지!

연예인을 조사할 때는 연예인이 아닌 사람도 함께 조사해서 연예인과 연예인이 아닌 사람을 비교해야 한다.

과거든 미래든 핵심은 데이터 취급 방식

과거의 기억은 '만들어진다'. 미래를 예측하려면 조건을 갖춰야 한다. 피험자의 특성과 연구자의 질문 방식에 따라 떠오르는 기억이 바뀌거나 기억 편향이 생기거나 거짓 기억이 형성되는 등의 편향을 배제할 수 있다는 점에서 코호트 연구의 신뢰도가 환자 대조군 연구보다 높다.

사람의 마음은 직관과 이성의 조합

시스템 2는 논리와 이성을 담당한다. 문명사회가 되면서 이성의 중요성이 커졌다.

시스템 1은 직관과 감정을 주관한다. 이성적인 사고가 중요해진 현대사회에서도 직관은 여전히 중요하다.

직관과 이성의 대립 끝에 의사 결정이 이루어진다.

최종적인 행동에 나설 때는 직관과 이성의 균형이 중요하다. 만약 직관만으로 행동하면 지나치게 감정적으로 되어 논리가 무너진다.

사람 심리에 관한 이론 중 '이중 과정 이론'이 있다. 이중 과정 이론에 따르면 사람의 사고 및 의사 결정은 시스템 1과 시스템 2라는 두 가지 과정으로 이루어져 있다. 직관과 감정을 주관하는 시스템 1은 반응이 빠르고 진화적 기원이 오래되었다. 한편 논리와 이성을 담당하는 시스템 2는 반응이 느리고 진화상 늦게 나타난 사고 과정이다.

문명사회가 성립되면서 시스템 2처럼 이성이 필요한 상황이 늘었지만, 한편으로는 수렵 채집 시대부터 존재했던 시스템 1(직관)의 영향도 여전히 크다. 현대사회, 특히 과학 논문에서는 이러한 불일치로 인한 문제가 심각하다. 인과관계와 상관관계의 착오 역시 직관의 영향으로 생기는데, 유전자 변형 작물이 대표적인 사례다. 과거의 사회적 논쟁을 분석해보면 냉정한 토론은 별로 없고, 시스템 1의 영향으로 감정에 치우친 주장과 행동으로 일관하는 모습이 두드러졌다(山本, 2018).

무작위 대조군 연구의 중요성

사전·사후 비교만으로는 부족하다

약품의 효과를 검증할 때 완전히 똑같은 두 사람을 준비해서 비교할 수는 없다. 따라서 가능한 한 무작위로 피험자를 모아 결과적으로 약품의 효과만 추출할 수 있어야 한다.

진짜 가짜

피험자 한 사람을 대상으로 실험 전후를 비교하면 피험자 개개인의 특성이 결과에 크게 반영되므로 충분치 않다.

보이지 않는 요인을 포함해도 완전히 똑같은 사람은 아무도 없다. 피험자를 무작위로 나누면 실험에 영향을 끼치는 요인을 통계적으로 상쇄하고 대상의 진짜 효과와 인과관계를 추정할 수 있다. 따라서 무작위 대조군 연구에서는 피험자를 나누는 단계부터 실험의 성패가 결정된다. 가령 남녀를 구분하지 않고 성비가 한쪽으로 치우치도록 실험군을 나누면 그 시점에서 이미 실험은 거의 실패했다고 볼 수 있다.

무작위 대조군 연구란, 약을 예로 들면 약을 먹은 실험군과 약을 먹지 않거나 가짜 약을 먹은 대조군에 피험자를 무작위로 배정해서 대상의 효과를 검증하는 실험이다. 사람이 대상일 때 인과관계를 확실히 추정할 수 있는 거의 유일한 연구 설계다.

　대상의 효과를 확인(인과관계를 검토)하려면 비교 대상으로 대조 실험이 필요한데, 실험자가 개입해서 피험자를 무작위로 배정하는 과정이 중요하다. 태어난 환경, 쌓아온 경험, 사고방식 등 보이지 않는 요인은 나이나 성별과 달리 간단히 조사하기 어렵다. 따라서 적합한 비교 대

확신을 없애는 블라인드 테스트

피험자를 무작위로 분류하는 것만큼 중요한 방법이 바로 블라인드 테스트, 즉 자신이 진짜 약을 먹었는지 가짜 약을 먹었는지 피험자가 알 수 없도록 만드는 방법이다. 확신이 피험자에게 영향을 미치는 플라시보 효과를 배제할 수 있기 때문이다. 나아가 피험자뿐만 아니라 약을 건네는 실험자도 진짜인지 가짜인지 모르게 하는 더블 블라인드 테스트(이중맹검법)도 있다. 피험자가 실험자를 보고 약의 진위를 눈치채지 못하게 하는 것이 목적이다.

고통처럼 개개인의 주관에 따라 크게 달라지는 대상을 평가할 경우 플라시보 효과에 특히 신경 써야 한다. 블라인드 테스트는 사람을 대상으로 하는 실험에서 데이터의 객관성을 높이는 대표적인 방법이다.

더블 블라인드 테스트를 제대로 수행하지 않으면 실험자의 태도에 피험자가 영향을 받는다.

상이 되도록 조건을 균일화하기는 현실적으로 불가능하다. 이때 무작위 대조군 연구는 피험자를 무작위로 배정함으로써 보이지 않는 요인의 영향을 통계적으로 상쇄한다. 무작위 배정이 적절히 이루어지면 보이지 않는 요인으로 생기는 차이가 실질적으로 없어지면서 효과를 검증하고자 하는 요인에 의한 차이만 남아 인과관계를 추정할 수 있게 된다.

무작위 대조군 연구는 다양한 분야에서 중요하게 쓰인다. 피험자가 어느 정도 모였을 때 이 연구 설계를 활용하면 인과관계를 매우 엄밀하게 추정할 수 있기에, 신약 또는 백신의 효과를 법적으로 승인받을 때는 무작위 대조군 연구를 통한 데이터 수집이 필수다. 동시에 블라인드 테스트로 플라시보 효과도 배제해야 하므로 이렇게 엄밀한 과정을 거친 데이터는 모두에게 인정받는다.

자연 실험

사회과학 분야의 연구 대상은 사람이 살아가는 집단인 사회이므로 연구자가 직접 개입하기 힘들다. 예를 들어 시군구 등의 행정구역을 무작위로 선정해서 소비세율을 바꿨을 때 각 지방의 경제가 어떻게 변하는지 조사할 수 없다. 따라서 보통은 사회 제도나 역사적 우연으로 무작위 대조군 연구처럼 판단할 수 있도록 만들어진 상황을 이용해서 인과관계를 추정하는 '자연 실험'이라는 방법을 활용한다.

예를 들어 일정 연 수입 이상인 사람들을 대상으로 의료비의 본인부담률을 10% 인상하는 정책을 시행할 경우, 연 수입이 기준 근처에 걸쳐 있는 사람을 대상으로 통원 빈도와 건강 상태를 비교 조사함으로써 본인부담률을 10% 인상하는 정책에 의한 파급 효과를 예측할 수 있다. 기준을 약간 밑도는 집단과 약간 웃도는 집단에 속한 사람들이 각각 무작위로 들어 있다고 추측할 수 있으므로 무작위 대조군 연구 구조가 자연적으로 우연히 성립했다는 결론이 나온다.

자연 실험은 무작위 대조군 비교 시험을 비롯한 개입 실험의 윤리적 취약점, 즉 피험자에게 불이익을 주는 실험은 시행할 수 없다는 점을 보완해서 사회과학 연구에서 인과관계를 추정할 수 있게 해준다.

비슷한 두 지역에서 한 지역은 소비세를 없애고 다른 지역은 소비세를 유지하는 정책을 시행하면, 두 지역을 비교함으로써 소비세 정책과 주민의 행복도 사이의 연관성을 검증할 수 있다.

A 지역

소비세 폐지!

B 지역

비교 대상 이외의 조건이 모두 같다면 OK!

A 지역과 조건이 같은 지역, B 지역과 조건이 같은 지역이 많으면 자연 실험을 진행할 수 있다.

비교해야만 의미가 있는 대조 실험

치료법, 예방법, 교육 효과, 심리 효과 등 어떤 요인에 의해 실현된 결과, 즉 인과관계를 추정할 때는 대조 실험이 유효하다. 모든 피험자를 요인이 개입된 집단과 개입되지 않은 집단으로 나누어 결과를 비교하는 실험이다.

대조 실험과 반대로 모든 피험자에게 개입해서 개입 전후를 비교하는 방법을 단일집단 사전·사후 설계라고 한다.

사전·사후 설계는 개인의 성장 요인을 배제하지 못한다. 아무것도 하지 않아도 사람들의 상태는 시간이 지나면서 변하므로 인과관계를 엄밀히 추정했다고는 볼 수 없다.

잘못된 실험을 간파하라

과학적 데이터의 진수는 실험이므로 실험 방법이 정확한지 아닌지 신중히 검증해야 한다. 인과관계를 파악하는 세 가지 포인트는 비교 대상을 균일하게 만드는 '무작위 배정', 목적이 아닌 요인을 배제하는 '블라인드 테스트', 실험 결과를 비교하는 '대조 실험'이다.

특히 실험할 때는 무작위 배정이 중요하지만 까다롭기도 하다. 나이와 성별은 통제할 수 있다고 해도 자라온 환경은 특정하기 힘드므로 피험자는 완전히 벗어던진 상태가 될 수 없다.

17 '고금동서의 분석'을 분석하다

메타 분석으로 데이터를 정확하게 파악하라

지금까지 축적된 전 세계의 데이터를 종합한 분석.
방대한 데이터의 결과를 표현할 수 있다.

메타 분석은 어떤 대상에 대해 지금까지 연구해온 데이터를 망라해서 조사·분석하는 연구 방법이다. 구체적으로는 각 연구의 결과를 효과 크기라는 통계량으로 표현해서 통계 오차를 어림잡은 뒤 효과 크기를 종합해서 나타낸다. 이때 출판 편향 여부 및 정도도 함께 검토한 다음 전체 결과를 해석한다.

무작위 대조군 연구는 인과관계를 추정할 때 매우 유효한 방법이지만, '과거의 데이터를 현재에 적용해도 되는가?', '외국인의 데이터를 우리나라 사람에게 적용해도 되는가?' 등 샘플의 보편성 문제는 여전히 남아 있다. 이 때문에 무작위 대조군 연구로 같은 대상을 측정하더라도 시행할 때마다 상반된 결과가 나올 때도 있다. 게다가 부정적인 데이터를 잘 공개하지 않는 출판 편향의 영향으로, 사실은 효과가 없는데도 효과가 있는 것처럼 보이는 데이터만 표면화되는 사태도 발생하곤 한다.

　메타 분석은 이러한 문제를 극복하는 한 방법이다. 메타 분석이란 간단히 말해 통계적으로

메타 분석과 체계적 문헌 고찰

통계적 분석 없이 각 연구의 개요를 정리한 '체계적 문헌 고찰'이라는 방법도 있다. 이 역시 신뢰도가 높으며 엄밀한 절차를 밟을 때 활용하면 좋다. 그러나 통계적 분석이 없어 개별 연구 평가에 저자의 주관이 들어갈 여지가 있다.

	메타 분석	체계적 문헌 고찰
장점	• 데이터를 통계적으로 분석하므로 저자의 주관을 끼워 넣기 힘들다. • 효과 크기가 산출되면 측정 지표가 달라도 통합할 수 있다(예: 사과와 오렌지를 과일로 묶을 수 있다). • 출판 편향 여부 및 크기도 통계적으로 검토할 수 있다.	• 무작위 대조군 연구 같은 실험에 이용하거나 효과 크기를 산출할 통계 데이터가 없어도 수행할 수 있다. • 각 연구의 상세한 내용이 없을 때가 많아 독자들이 대략적인 내용을 파악하기 쉽다.
단점	• 쓰레기를 넣으면 쓰레기만 나오는 법. 단순히 정리만 한다고 좋은 결과를 얻을 수 없다. • 분석에 활용한 데이터베이스와 검색어에 따라 데이터를 전부 망라하지 못할 수도 있다. • 동료 평가 시 분석 대상의 실험 데이터 하나하나까지 정확하게 파악하기 힘들어 잘못된 분석 결과가 나오기도 한다. • 최근 연구가 많아지면서 질 낮은 메타 분석 결과도 종종 나온다.	• 저자의 주관에 따라 결론을 의도적으로 도출할 수 있다. • 개별 실험 데이터의 신뢰도를 고려하기 힘들다. • 실질적으로 개별 연구 범주 이상으로는 분석하기 힘들다.

종합한 연구로, 지금까지 수집한 무작위 대조군 연구의 실험 데이터를 종합해서 다시 분석하는 방법이다. 단 메타 분석의 대상이 같아도 조사 기간, 데이터베이스, 검색어, 연구 수에 따라 결과가 달라지기도 하며 여러 메타 분석 논문을 다시 메타 분석해서 비교하거나 횡단적으로 리뷰하는 과정도 필요하다(山本, 2019). 특히 무작위 대조군 연구만 다룬 메타 분석과 환자 대조군 연구를 포함한 메타 분석은 기존 연구 설계에 포함된 편향에 따라 신뢰도가 다르므로 내용을 꼼꼼히 검토해야 한다.

더불어 명확한 가설을 세우지 않고 데이터만 모으거나 샘플의 특성 및 개입 방법이 정리되지 않은 경우에도 주의해야 한다.

논문 데이터 평가를 통한 경향 분석

아래 그래프는 메타 분석의 결과를 보여주는 숲 그림이다. 해석하는 방법은 다음과 같다. Total의 수치가 효과 크기, [] 안의 수치가 통계적 오차. 효과 크기가 OR(승산비)일 때 오차 범위가 1을 벗어나면(예: 1.2 - 2.5, 0.1 - 0.8 등) 통계적으로 유의미한 연관성이라고 한다.

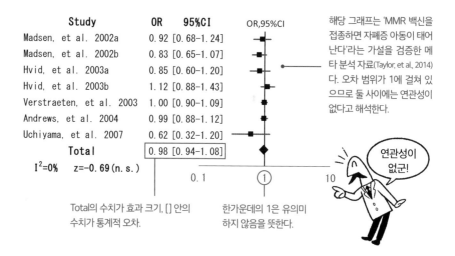

Study	OR	95%CI
Madsen, et al. 2002a	0.92	[0.68-1.24]
Madsen, et al. 2002b	0.83	[0.65-1.07]
Hvid, et al. 2003a	0.85	[0.60-1.20]
Hvid, et al. 2003b	1.12	[0.88-1.43]
Verstraeten, et al. 2003	1.00	[0.90-1.09]
Andrews, et al. 2004	0.99	[0.88-1.12]
Uchiyama, et al. 2007	0.62	[0.32-1.20]
Total	0.98	[0.94-1.08]

$I^2=0\%$ $z=-0.69$ (n.s.)

해당 그래프는 'MMR 백신을 접종하면 자폐증 아동이 태어난다'라는 가설을 검증한 메타 분석 자료(Taylor, et al, 2014)다. 오차 범위가 1에 걸쳐 있으므로 둘 사이에는 연관성이 없다고 해석한다.

연관성이 없군!

Total의 수치가 효과 크기, [] 안의 수치가 통계적 오차.

한가운데의 1은 유의미하지 않음을 뜻한다.

연구 논문 자체의 신뢰도도 평가 대상

메타 분석은 보통 개별 연구의 동료 평가 과정과 그에 의한 편향 정도까지 세세하게 평가한다. 이때 편향 평가는 블라인드 테스트나 무작위 대조군 평가 여부를 단계적으로 표현할 때가 많다.

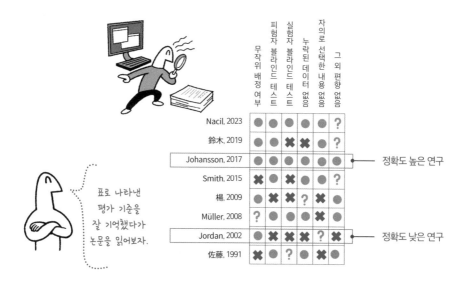

표로 나타낸 평가 기준을 잘 기억했다가 논문을 읽어보자.

	무작위 배정 여부	피험자 블라인드 테스트	실험자 블라인드 테스트	누락된 데이터 없음	자의로 선택한 내용 없음	그 외 편향 없음	
Nacil, 2023	●	●	●	●	●	?	
鈴木, 2019	●	●	✖	✖	●	?	
Johansson, 2017	●	●	●	●	●	●	← 정확도 높은 연구
Smith, 2015	✖	●	✖	●	●	?	
楊, 2009	●	✖	✖	?	✖	●	
Müller, 2008	?	●	●	●	✖	●	
Jordan, 2002	●	✖	✖	✖	?	✖	← 정확도 낮은 연구
佐藤, 1991	✖	●	?	●	✖	●	

출판 편향도 고려 대상

메타 분석은 출판 편향을 ① 깔때기 그림에 의한 시각적 표현, ② 출판 편향일 가능성(안전계수), ③ 출판 편향의 영향을 보정했을 때의 결과(절삭 및 채움) 등의 통계적 방법을 활용한다. 깔때기 그림을 해석할 때는 출판 편향이 없으면 각 실험 데이터는 참값을 중심으로 좌우 대칭을 그린다는 전제가 바탕에 깔려 있다.

출판 편향이 있으면 피험자 수가 많은 실험이든 적은 실험이든 오차 없이 긍정적인 데이터만 보고된다.

좌우 대칭이 되도록 플롯을 그린다는 전제하에, 삼각형 왼쪽에 있어야 하지만 출판 편향으로 빠진 데이터가 있다면 분석하기 전에 보충해야 한다.

- -

메타 분석을 살펴보자!

메타 분석은 근거 수준의 최상위 단계다. 여기서도 데이터 수집 및 분석 방법이 중요한데, 같은 메타 분석이라도 잘못된 분석이 섞여 있으므로 주의해야 한다.

신뢰도가 높은 메타 분석은 최상층의 근거 수준이다.

같은 메타 분석이라도 데이터를 잘못 수집한 엉터리 연구는 신뢰도가 낮다.

18 휴대전화의 전자파가
암을 일으킨다고?

전자파 유해설

전자파는 무서운 거야!

휴대전화를 사용하면 암 발병 위험성이 높아진다고 주장하는 연구가 있지만, 신빙성이 없다.

제초제 글리포세이트의 암 발병 위험성에 관해 기술한 IARC(국제 암 연구 기관) 보고서도 Hardell 등의 역학 연구를 바탕으로 한 메타 분석을 인용하며 문제를 지적했다.

휴대전화 사용과 암 발병 위험성에 관한 연구에서 스웨덴의 연구자 Hardell 등의 데이터가 두드러졌다(Carlberg & Hardell, 2017). Hardell 등은 휴대전화를 사용하면 암 발병 위험성이 높아진다고 일관되게 주장했지만, 주위 연구자들은 그들의 연구에 의문을 제기했다.

전자파가 사람의 건강에 악영향을 미친다는 주장은 오래전부터 있었다. 전자파는 가시광선보다 주파수가 낮고 파장이 긴 전파를 가리킨다. 휴대전화와 전자레인지에서 나오는 극초단파, 무선랜과 위성 방송 등에 쓰이는 센티미터파, 전파시계에서 나오는 장파가 이에 속한다.

　전자파가 사회생활에 무시할 수 없을 정도로 사람에게 해를 끼친다지만 암, 신경질환, 심신 불안정, 정자 수 감소 등 전자파의 결과라고 주장하는 피해는 가지각색이다. 다만 피험자

몸이 나빠진 이유는 전자파를 신경 썼기 때문

Klaps 등(2015)은 전자파 유해론의 연구 방법에 주목하여 '블라인드 테스트를 진행한 연구', '블라인드 테스트를 진행하지 않은 연구', '현장 연구' 세 가지로 분류한 뒤 분석했다. 그 결과 블라인드 테스트를 진행한 연구에서는 악영향을 보인 데이터가 없었지만, 블라인드 테스트를 진행하지 않은 연구와 현장 연구에서는 전자파에 의한 악영향이 크게 나타났다. 이로써 대상에 대한 부정적인 생각이 노시보 효과(부정적 방향의 플라시보 효과)를 일으켰을 가능성이 크다는 지적이 제기되었다.

전자파에 신경 쓴 탓에 몸이 나빠졌을지도 모르는데 정말로
전자파가 나쁘다고 할 수 있을까?

에게 피해를 줄 소지가 있는 실험은 할 수 없으므로 여태 보고된 연구는 대부분 코호트 연구나 환자 대조군 연구이며 이렇게 수집된 데이터는 메타 분석에도 활용된다.

이러한 연구를 검토한 결과 지금까지 전자파에 의한 건강 피해로 일관되게 드러난 질환은 발견되지 않았다. 대상 실험 데이터의 양과 질 차이에 따라 건강 피해가 발생한다는 분석 결과가 나오거나, 반대로 전자파에 노출되었을 때 특정 질환에 걸릴 위험성이 낮아진다는 상반된 분석 결과가 나온 탓에 전자파의 부작용이 충분히 입증되었다고는 할 수 없다. 윤리적인 문제 때문에 사람을 대상으로 실험할 수 없기도 하고, 편향이 크면 결과가 고르지 않을 가능성이 있다. 또 '전자파'라는 말을 부정적으로 받아들여서 증상이 생겼을 가능성도 지적되고 있다(노시보 효과). 어쨌든 지나치게 민감하게 받아들일 필요는 없다.

질문하는 사람이 몸 상태에 영향을 준다고?

Repacholi 등(2012)의 메타 분석에 따르면, 뇌종양의 종류 및 휴대전화 사용 시간별로 연구를 정리했을 때 발병 위험성이 증가한 결과는 어떤 개별 분석에서도 나오지 않았으며 척수 종양에서는 오히려 위험성이 감소했다. 그리고 실험자의 질문 방식과 피험자의 기억에 따라 데이터의 신뢰도가 크게 바뀌는 환자 대조군 시험의 한계를 지적했다.

질문자의 질문에 따라 몸 상태의 원인이 전자파 때문이라고 믿을 수도 있다.

그러고 보니 노출되었을지도…?

전자파에 많이 노출되지 않으셨나요?

전자파 사례와 같이, 환자 대조군 시험은 질문 방식에 따라 반응을 의도적으로 유도할 우려가 있다.

철탑 주변은 괜찮을까?

전자파에 의한 건강 문제의 발단은 전자파와 소아백혈병의 연관성을 시사한 1979년 Wertheimer의 연구였다. 이후 연구 결과가 일관되게 나오지는 않았지만, 지금도 여전히 고압선, 송전선, 철탑 주변은 땅값이 싸다. 그러나 철탑이 피뢰침 역할을 해서 낙뢰를 맞을 확률이 낮으므로, 오히려 일부러 그 주변에 사는 이점이 있을지도 모른다.

위험하다고 느끼는 대상은 사람마다 다르다. 전자파가 해롭다고 생각하는 사람은 철탑과 전선 주변을 꺼린다.

낙뢰가 중요한 사람에게 철탑 주변은 안전한 지역이다.

전자파….

싼 매물

싸서 좋네!

전자파에 노출되어도 정자는 죽지 않는다

전자파 때문에 정자가 죽는다는 속설이 있다. 그러나 지금까지는 전자파가 정자의 생존율과 농도에 영향을 미치지 않는다는 내용을 뒷받침하는 데이터가 거의 일관되게 나오고 있다.

전자파는 정자의 생존율과 농도에 영향을 미치지 않는다.

인상이 나빠 보인다는 이유만으로 판단하면 안 돼요.

전자파에 불안함을 느끼는 이유를 다시 한번 생각하라

과거의 연구를 조사해봐도 전자파가 암을 일으킨다는 내용은 없었다. 전자파를 암의 원인으로 여기는 것은 심리적 요인 때문이다. 부정적인 이미지로 인한 영향은 이루 헤아릴 수 없다.

전자파는 암을 일으키지도 않고 아무런 유해성이 없는데도
부정적인 이미지만 보고 심리적으로 악영향을 받는다.

해롭지 않은데….

우유가 해롭다는 주장의 문제점

근거는 여부보다 강약

해롭다는 생각에 사로잡히면 근거가 확실하고 긍정적인 측면은 눈에 들어오지 않는다.

부정적인 측면의 근거가 미약하다.

풍부한 영양

건강한 몸

질병 예방

설사

발암

골절

누군가 우유의 부정적인 측면을 강조해서 주장한다면 긍정적인 측면과 비교해서 어느 쪽이 강한지 생각해보자. 무작위 대조군 연구과 메타 분석으로 쌓인 데이터의 양을 기준으로 삼으면 어느 정도 효과가 있다. 그러나 최근에는 양질이 아닌 메타 분석도 있으므로 주의해야 한다.

종종 '과학적 근거가 있느냐 없느냐'를 따지곤 하는데 사실 과학적 근거는 유무가 아니라 강약이 중요하다. 특히 현대에 들어 과학적 근거가 전혀 없는 유사과학은 거의 찾아볼 수 없다. 전문가를 포함한 개인의 의견과 수많은 편향의 영향이 배제되지 않은 연구 설계, 한정적인 상황에서 얻은 소수 데이터의 일반화 등 마치 근거가 있는 것처럼 보이는 데이터 분석 보고도 일부 존재한다. 이 때문에 주장의 근거로 제기하는 데이터가 무슨 의미인지 생각하고 분석 결과를 평가하는 과정이 중요해졌고, 과학적 근거의 내용을 파고들어 이해하고 토론하는 자세가 필요해졌다.

대표적인 사례가 우유 유해설이다. 유당불내증과 알레르기가 아닌 다른 측면에서 우유가

과장된 데이터가 아닐까?

같은 데이터를 두고도 해석하기 어려울 때가 있다. 가령 코호트 연구로 유제품 섭취와 대사증후군 위험성 저하의 상관관계를 나타낸 데이터에서 필요한 부분만 골라내서, '저지방 우유를 마시면 대사증후군에 걸릴 위험성이 높아진다'라는 주장이 있다고 해보자. 이럴 때는 시야를 넓혀 다른 데이터와 비교해서 주장을 재현할 수 있는지 생각하면 좋다.

본질(데이터)을
제대로
보자.

심각한 결과처럼 보여도 사실 과장된 데이터일지도 모른다.

몸에 해롭다고 주장하는 설인데, 구체적으로는 '우유를 마시면 유방암에 걸린다', '우유를 마신 사람이 더 골절되기 쉽다', '분유는 몸에 나쁘다' 같은 내용이다.

그러나 메타 분석에 따르면 우유 때문에 골절되거나 유방암에 걸릴 위험성이 커진다는 주장은 지금까지 입증된 적이 없다. 전문가 개인의 의견이나 환자의 일화(유방암), 역학 연구의 결과 일부(골절)를 잘못 활용했을 뿐이다.

게다가 영양이 풍부하고 노화를 예방하는 등 우유의 건강 효과에 관한 연구에는 무작위 대조군 연구 및 메타 분석을 필두로 널리 인류에 적용할 수 있는 확실한 근거, 즉 근거 수준 상위 단계의 지식이 있다. 따라서 미약한 근거밖에 없는 우유 유해설을 적극적으로 받아들일 이유가 없다.

잠깐! 정말 우유 때문일까?

우유 때문에 골절의 위험성이 커진다는 주장의 배경에는 이른바 칼슘의 역설이 있다. 칼슘 섭취량이 많은 국가일수록 골절 환자가 많은 현상을 가리키는 말로, WHO가 공개한 보고서도 있다. 그러나 이 데이터는 세계 각국의 비만율, 평균 나이, 일조율에 따른 골밀도, 진료율 등 다양한 요인을 고려하여 만들어졌으므로 칼슘 섭취와 골절의 관계는 허위 상관관계(11항 참조)라고 할 수 있다.

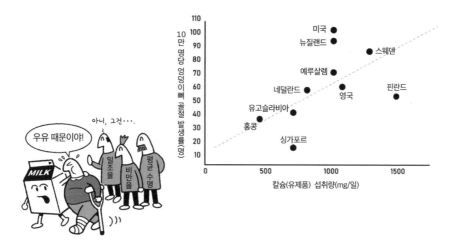

우유를 안 먹는 사람의 건강이 더 심각하다

현대인은 칼슘 부족이 심각하다. 근거가 미약한 주장에 귀를 기울이느니 우유를 마셔 칼슘 부족을 해소하는 편이 낫다. 균형 잡힌 식사를 위해 우유 외에도 칼슘 함량이 높은 작은 물고기와 해조류를 먹어야 한다.

균형이 흐트러지면 칼슘이 부족해지는데, 우유는 매우 좋은 칼슘 섭취 수단이다.

균형 잡힌 식사를 통해 칼슘을 효율적으로 흡수할 수 있다.

학교 급식의 재평가

영양이 풍부한 우유는 학교 급식에서 빠지지 않고 나왔는데, 오히려 그러한 급식 정책이 우유 유해설 같은 안티테제가 떠오른 배경으로 작용했을지도 모른다. 그러나 방임 가정, 학대 가정에서 자란 아이에게 학교 급식은 유일한 영양원이다. 이처럼 반대 측의 주장을 생각하는 사고방식은 시야를 넓히는 데 도움이 된다.

우유는 영양이 풍부한데….

안 돼!

MILK

학교 급식에서도 우유는 꼭 필요한 건강식품이다.

성장기인 아이에게 우유는 중요한 영양원이다.

과학적 근거를 강약으로 판단하라

어떤 일이든 다양한 측면이 있고 저마다 과학적 근거가 있다. 따라서 무엇을 믿어야 할지 파악하려면 근거의 여부가 아니라 강약을 판단하면 된다. 우유가 그 대표적인 사례다.

어느 데이터를 믿어야 하지…?

근거가 강한 데이터

근거가 약한 데이터

믿어야 할 데이터는 근거가 강한 데이터다. 강한 데이터와 약한 데이터의 차이는 확연히 드러난다.

제 4 장

이론·데이터의
관계성과 유사과학

과학 이론과 데이터가 독립되어 있으면 의미가 없다.

이론과 데이터가 잘 맞물리는지는 과학의 중요한 포인트다.

규모가 지나치게 큰 주장은 데이터로 검증하기 힘들고,

가설이 없거나 완성도가 낮은 상태에서 데이터만 수집해도

새롭게 예측할 때 도움이 되지 않는다. 이번 장에서는

이론과 데이터의 대응 관계에서 짚어볼 포인트를 해설하고자 한다.

20 개가 짖었더니 지진이 일어났다고?

무슨 말이든 통하는 애드혹

전에는 가만히 있다가 지진이 일어난 뒤에 '개가 짖어서'라고 주장하면 애드혹이다.

개가 짖자 지진이 일어났다고 주장하려면 개가 짖은 다음 일어난 지진과 짖지 않아도 일어난 지진의 비율을 비교해야 한다(사분할표). 전자만으로는 비교 대상이 없으므로 개가 지진에 미치는 영향을 추정할 수 없다.

이론과 데이터의 대응 관계를 음미해보자. 관측된 데이터를 뒷받침하려고 이유를 붙인 '애드혹 가설' 역시 유사과학을 구별하는 포인트다. 애드혹이란 '특정 목적을 위해'라는 뜻의 라틴어인데, 어떤 가설을 정당화하기 위해 뒤늦게 이론을 구축하는 행위는 결코 과학적이지 않다.

지진 예측을 예로 들자면 미리 지진을 여러 번 예측한 다음 실제로 일어난 지진만 취급하는 방법이 이에 해당한다. 사전에 예측한 바나 가설과 다른 추이를 보이는 데이터를 설명하기 위해 나중에 다른 이유를 붙인 가설도 애드혹 가설이다. 신종 코로나바이러스 감염 사태 때도 예측대로 흘러가지 않았고 언론을 중심으로 당시 상황에 맞는 해석이 뒤따랐듯이 전문가라도 복잡한 상황을 전부 예상할 수는 없다.

뽑기나 다름없는 현실

극단적으로 말하자면 데이터와 일치하지 않더라도 이론은 얼마든지 수정할 수 있다. 따라서 이론과 확실히 일치하는 데이터를 수집하고, 만약 이론에 맞지 않는 데이터가 나오면 원인을 밝혀서 이론을 재구축한 다음 검증된 데이터를 새로 수집해야 한다.

간절히 바라면 뽑고 싶은 경품이 나온다고 호언장담했지만…
애드혹이라면 어떤 설명이든 가능하다.

사람들이 종종 착각하는데, 사람이나 사회가 관여하는 예측에는 다양한 요인이 존재하므로 자연을 과학으로 해석하기보다 사회를 과학으로 해석하기가 더 어렵다.

그런 의미에서 실험과 데이터를 바탕으로 예측할 수 있는 이론을 세울 수 있는지(예측성)는 과학적 이론과 데이터의 대응 관계를 평가할 때 중요한 관점이다. 반대로 이론을 계속 수정하면 반증할 수 없게 되므로 기존에 얻은 데이터가 무용지물이 된다. 이를테면 규소수에 건강 효과와 미용 효과가 있다고 주장하는 사람들이 있지만, 이를 뒷받침하는 실험 데이터는 거의 없다. 탄탄한 이론과 충분한 데이터도 없고 둘의 대응 관계가 증명되지 않은 상태에서 각종 증상에 대한 건강 효과를 선전하는 태도는 과학적으로 잘못되었다.

효과가 있는 것처럼 포장한 규소수

실리콘이라고도 하는 규소는 암석에 많이 들어 있는 원소다. 규소수를 마시면 피부가 깨끗해지고 머릿결과 손톱도 건강하게 유지할 수 있다고 주장하지만, 이를 뒷받침하는 근거는 미약하다. 게다가 상품 광고에는 미네랄 섭취 효과가 뒤섞여 있어 규소수만의 효과를 구별할 수 없다.

규소는 주변에 널린 바위에 많이 들어 있지만 효과는 거의 없다.

사실 규소수의 효과가 아니라 마그네슘, 칼슘 등 미네랄의 효과다.

피부에도 머릿결에도 효과가 없는 규소수

연구로 수집된 데이터도 무조건 믿을 수는 없다. 브라질에서는 건강한 성인 22명에게 90일간 규소 영양제를 먹게 한 실험(더블 블라인드 테스트를 적용한 무작위 대조군 연구)을 진행했다. 주름, 검버섯, 피부 질감 등의 이미지 분석 및 주관적 평가 결과 규소에 유의미한 효과는 없었다(Peterson, et al., 2018). 우연일지 모르나 독일에서 45명을 대상으로 한 실험에서도 역시 머릿결에서만 미미한 효과가 나타났을 뿐이었다(Wickett, et al., 2007).

피부 실험 ×

머리카락 실험 ×

효과가 있다고 주장하는 논문도 신뢰할 수 없는 내용뿐⋯.

규소수는 피부와 머릿결에 효과가 없다.

주장이 강할수록 증명하기 힘들다

규소는 굉장히 광범위한 효과를 주장하면서도 이론적인 근거가 없고 데이터도 비관적인 내용밖에 없다. 한 메커니즘에 다양한 효과를 기대하기는 힘들다. 작용 범위를 넓게 가정할수록 각 작용 기전과 데이터를 과학적으로 입증해야 한다.

주장이 비대해질수록 이론과 데이터의 대응 관계를 구축하기 어려워진다.

다양한 효과를 내세웠지만 그 어떤 효과도 입증하지 못한 규소

결과를 확인한 뒤의 해석은 검증이 아니다

가설로 결과(데이터)를 예측할 수 있을까? 가설을 입증하려면 개가 짖었을 때와 개가 짖지 않았을 때의 비교 실험을 하고 개가 무엇을 예지하는지에 관한 이론을 세워 설명할 수 있어야 한다.

21 신체 파동 측정기는 무엇을 측정할까?

과학에 동반되는 설명 책임

파동으로 치료한다!

측정하는 사람마다 파동의 정의가 달라 무엇을 측정하는지 불확실하다.

생명이 지닌 파동의 효과로 질병을 치료한다고 주장하는데, 이럴 때 과학에서는 개념 자체에 대한 논의와 함께 어떤 방법으로 측정할 수 있는지도 밝혀야 한다. 측정 방법에 관한 논의가 부족하면 검증도 할 수 없고 반증에 대응할 수도 없다.

'과학적으로 증명된 제품'이라는 문구를 심심찮게 볼 수 있지만, 지금까지 알아봤다시피 과학적 데이터는 항상 변동하며 이후 연구에 따라 뒤집힐 가능성이 있으므로 '증명'이라는 말은 정확하지 않다. 어떤 가설과 그 가설의 검증 과정 자체가 과학이기 때문이다. 특히 사람을 대상으로 인과관계를 규명하는 연구를 하는 과학자는 그 인과관계에 책임을 져야 한다. 이는 '설명 책임'이라는, 과학계에서 매우 중요한 개념이다.

파동 측정기를 예로 들어보자. 디톡스 제품의 효과를 홍보할 때 파동 측정기로 측정한 데이터를 싣곤 하는데, 이 데이터를 설득 재료로 쓰려면 파동 측정기가 측정하는 '파동'이 무엇

'통과'한 이유를 설명하라

시중에 파동 측정기가 판매되고 있고 다른 제품의 효과를 뒷받침할 때 이 측정기로 측정한 수치를 사용하기도 한다. '객관적으로 보이는' 수치에 휘둘리지 않도록 이 수치가 무엇을 측정한 수치인지, 어떤 의미가 있는지 생각해야 한다.

'측정 결과 기준을 통과했다'라는 선전 문구를 봐도 막연히 좋은 제품이라고 단정 지으면 안 된다.

무엇을 측정하고 계신가요?

무엇을 측정했고 측정 수치가 무엇을 의미하는지 파악해야 한다.

인지부터 확실하게 설명한 다음 파동의 작용으로 긍정적인 효과를 얻을 수 있다는 데이터를 보여야 한다. 파동을 '무언가의 에너지'로 정의한다면 그 '무언가'의 정체가 무엇인지, 사람의 몸에 어떤 영향을 미치는지 제대로 설명하지 않으면 의미가 없다. 즉 이론이 설명하는 대상과 관련된 적절한 데이터를 수집해야 한다(타당성).

반대로 소비자는 데이터가 타당한지 꼼꼼히 따지기만 하면 된다. 대상의 개념이 무엇인지, 어떤 작용을 하는지 적극적으로 입증할 필요는 없다. 이른바 '악마의 증명(어떤 사실이나 인과의 부재를 증명하기란 불가능하므로 존재를 주장하는 쪽이 증명해야 함을 비유적으로 나타낸 용어 - 역주)'처럼 부재를 증명할 수 없으므로 존재를 입증하는 쪽에 책임이 있다. 존재가 입증되면 비로소 '있(을지도 모른)다'라고 일반화할 수 있게 된다.

조작적 정의의 중요성

어떤 개념을 설명할 때 뜻이 같은 단어를 반복해서는 의미가 없다. 예를 들어 "이 IQ 테스트로 지능을 측정할 수 있습니다." → "테스트에서 측정된 지능은 무엇을 뜻하나요?" → "지능이란 이 IQ 테스트로 측정한 개념이지요." 같은 대화는 설명이라고 할 수 없다. "지능이란 ○○과 △△과 ××의 능력을 종합적으로 평가한 개념입니다"라는 조작적 정의(추상적인 개념을 측정할 수 있도록 구체화한 정의 - 역주)가 필요하다.

막연하게 '행복도'라는 용어를 쓰는 대신 확실한 정의가 필요하다.

심리학에서 자주 쓰는 개념인 조작적 정의가 없으면 입증하기 어렵다.

의미 있는 측정인지 판단하라

측정의 의의도 곰곰이 생각해봐야 한다. 가령 초등학생의 독해력을 올려주는 교재를 보고 효과가 있다고 생각할지도 모르지만, 성인 독자를 대상으로 쓴 소설이 독해력을 측정하는 기준이라면 학생들이 성장하면서 측정 결과는 거의 같아질 것이다. 이를 교재의 효과로 보기에는 부족하다.

효과를 주장하는 그래프를 들여다보자. 차이가 끝까지 그대로일 것 같지만 사실 착각일지도 모른다.

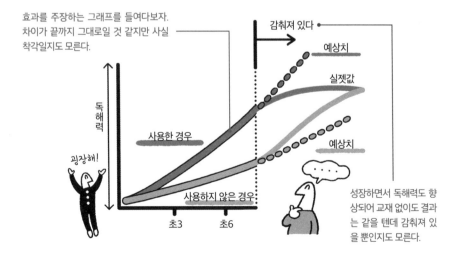

성장하면서 독해력도 향상되어 교재 없이도 결과는 같을 텐데 감춰져 있을 뿐인지도 모른다.

불분명한 개념을 측정해도 무의미하다

매력적으로 들리는 '측정 결과'로 눈을 돌리기 전에 무엇을 측정하는지, 어떤 개념인지 확실히 파악하자. "과학적으로 효과가 있다"라는 주장에는 설명 책임이 뒤따른다.

과학적 효과를 주장하는 사람에게 효과를 입증할 책임이 있다.

효과가 없음을 입증하기란 애초에 불가능하다.

column

IQ는 절댓값이 아니라 상댓값! IQ 테스트의 한계

'높은 IQ = 똑똑한 사람'이라고 착각하는 사람이 많지만, 전문 지식이 필요한 자격시험에 높은 IQ가 도움이 되지는 않으므로 해당 분야의 지식을 공부해야 한다.

IQ 테스트에서 120이라는 결과를 받는다면 왠지 그 수치가 자신의 절대적인 지적 능력처럼 느껴진다. 그러나 IQ 테스트는 지적 능력의 일부를 측정할 뿐이며 수치 자체도 해당 테스트에 응시한 집단 내 상대적 위치를 나타낸 점수에 불과하다. 테스트의 난도 역시 상하한선이 있으므로 진지하게 생각하지 않는 편이 좋다.

애초에 대부분의 IQ 테스트는 피험자의 점수가 정규분포에 들어가도록 설계된 데다, 개인의 점수를 비교하는 게 아니라 통계상 극단적으로 다른 값인 이상치를 솎아내는 데 의의가 있다. 구체적으로는 데이터가 흩어져 있는 정도인 표준편차가 평균값에서 2개분 이상 떨어져 있는지가 판단 기준이며 집단의 약 5%가 이에 속한다(평균값에서 +방향으로 2.5%, −방향으로 2.5%). 그러나 앞에서 설명했다시피 이는 테스트를 한 번 받았을 때의 결과이므로 같은 사람이 다른 테스트를 받거나 같은 테스트를 여러 번 받으면 결과가 달라진다. IQ가 몇 이상인 사람만 들어갈 수 있는 천재들의 단체가 있다는데 시대, 테스트의 성질, 수험 횟수, 몸 상태 등에 따라 점수는 변동하므로 변하지 않는 확고한 선별 기준이 있을지는 다소 의문이다.

역사적으로 IQ 테스트는 생활에 지장을 줄 수 있는 지적장애를 검출하는 수단으로 쓰여왔다. 한편 IQ 테스트뿐만 아니라 우치다 - 크레펠린 검사(일정 시간 동안 연속으로 수를 더할 때 얻어지는 작업량, 작업 특성, 작업 곡선을 바탕으로 수검자의 능력, 흥미 및 성격 특성을 진단하는 검사 - 역주) 같은 심리 검사는 과학적 근거가 불충분한데도 직업 적성을 판단할 때 안이하게 쓰인다는 지적이 제기되었다(村上, 2005). 자기 능력과 특성을 알고 싶다는 마음은 인간의 천성일지 모르지만, 이러한 검사는 자칫 잘못하면 과대평가되기 십상이다.

22 무속신앙, 성격 진단이 정확할까?

무심코 믿게 되는 구조

수많은 사람에게 똑같이
해당하는 말이다.

성격 진단을 사실로 받아들이는 데는 바넘 효과와 자기실현적 예언의 영향이 크다. 참고로 본문에서 언급한 '흥미 없는 주제에는 무관심하지만 좋아하는 대상에는 열광하는 모습'은 혈액형 성격설 중 AB형의 특징으로 꼽히는데, AB형이 아니어도 본인 같다고 생각하는 사람이 많다.

우리 주변에서 흔히 볼 수 있는 성격 진단 테스트와 귀신 마케팅. 점쟁이나 무속인이 과거와 미래를 읽고 손님에게 알려주거나 "이 항아리만 사면 앞날이 밝아요"라며 고액 상품을 팔다가 큰 문제로 번지는 경우도 왕왕 있다. 사정을 모르는 사람이 보면 왜 속아 넘어가는지 신기할 정도인데 당사자는 완전히 빠져들 때가 많다. 그런 사람들이 상대방의 말에 깜박 넘어가는 이유는 무엇일까? 그 배경에 존재하는 심리 작용과 테크닉을 소개하고자 한다.

　우선 '바넘 효과'가 있다. 미국의 서커스 단장 피니어스 테일러 바넘의 이름에서 유래한 용어로, 누구에게나 들어맞는 말을 듣고 자신만의 특징이나 경험처럼 느끼는 현상을 가리킨다.

보고 싶은 것만 보이게 만드는 선입견

첫인상이라는 관점에서 보면 낙인 효과도 중요한 개념이다. 예를 들어 사람을 볼 때 낙인을 찍으면, 즉 A형은 신경질적이라고 생각하면 A형의 그런 면만 보인다.

신경질적이라고 단정 지었더니 꼼꼼한 성격만 눈에 들어온다.

역시 꼼꼼하시네요!

오호호

신경질적

'집에서는 정리 안 하고 사는데~'

예를 들어 흥미 없는 주제에는 무관심하지만 좋아하는 대상에는 열광하는 모습은 많은 사람에게 나타나는 특징이다.

다음은 '자기실현적 예언'이다. 자신이 들은 예언을 이루기 위해 무의식적으로 행동하고서 정말로 예언대로 되었다고 느끼는 현상이다. 이를테면 조금 더 긍정적이고 우호적으로 행동해야 한다는 점쟁이의 말을 듣고 무의식적으로 그렇게 행동했더니 성격이 바뀐 자신을 보고 예언이 진짜였다고 느끼는 식이다.

손님의 과거나 미래를 읽어내는 테크닉 중 초능력을 쓰는 듯한 신비감을 주며 소통하는 동안 상대의 정보를 알아내는 테크닉을 '콜드 리딩'이라고 한다. 한편 취미나 가족관계처럼 손님과 관련된 정보를 미리 조사하고선 이를 숨긴 채 원래 알고 있었다는 듯이 대화를 나누는 '핫 리딩'도 있다.

멘탈리즘의 구조

심리 마술로 유명한 멘탈리즘 역시 점쟁이와 영능력자가 쓰는 수법이 기원이다. 과학적(심리학적) 근거가 있는 것처럼 말할 때도 있지만 개념상 초능력과 같은 뜻이며 본질적으로는 연출에 불과하다. 보통 사람의 표정을 읽으면 그 사람의 감정 변화를 알아차릴 수 있다고 해도 마음을 확실하게 읽어내는 기법은 아직 개발되지 않았다. 전형적인 멘탈리즘은 아래와 같다.

① "5부터 50까지 중 좋아하는 숫자를 말해주세요. 13처럼 작은 숫자도 좋고 36이나 48처럼 큰 숫자도 좋습니다"라고 상대에게 말한다.

② 상대는 예시로 든 숫자를 피하려는 심리 때문에 25, 27, 29 같은 수를 말할 때가 많다.

③ 질문자는 미리 25라고 적힌 종이를 테이블 밑에 숨겨두고, 27이라고 적힌 종이를 주머니에 넣고, 29라고 적힌 종이를 벽에 붙여둔다.

④ 상대방의 대답에 따라 "당신의 대답을 미리 읽었습니다"라며 답이 적힌 종이를 꺼내서 보여준다. 상대방의 눈에는 정말로 예언이 맞아떨어진 것처럼 신비하게 보인다.

⑤ 만약 상대방이 예상한 답변(25, 27, 29)에서 벗어난 답을 말한다면 또 다른 퍼포먼스(예: 마법진)로 즉시 갈아탄다.

마술 소품으로 여기저기
숫자를 준비해두면 끝.

믿는 사람은 진지하다

어떤 터무니없는 말이라도 옳다고 믿게 만드는 심리 효과와 테크닉은 많고 이를 믿는 사람은 매우 진지하다. 수상쩍은 물건이나 사상뿐만 아니라 상대를 믿게 만드는 테크닉의 구조도 파악해둬야 한다.

제3자가 보면 너무 수상해서 왜 속는지 의아할 정도지만 당사자에게는 부동의 진실이다.

자석이 어깨결림을 치료한다고?

시중에 판매되고 있는 자기 치료기의 진실

팔찌, 패치, 허리 밴드 등 다양한 형태의 자기 치료기가 판매되고 있다. 전부 자기장으로 혈관을 확장한다고 광고하는 상품이다.

자기 치료기의 원리가 명확하지 않은 데다 자기력의 세기 역시 의문이다. 어깨결림과 요통의 원인이 다양해서 이론과 데이터를 직관적으로 연결 짓기 힘들다.

피부에 붙이면 어깨결림이 풀린다는 자기 치료기. '영구 자석'을 몸에 붙이기만 해도 효과를 얻을 수 있다고 홍보하며, 피부에 직접 붙이는 패치, 목걸이 등 상품의 형태도 다양하다. 혈류의 흐름을 개선하기 때문이라는 설이 유력하지만 자석이 어깨결림을 푸는 정확한 원리는 불분명하다. 영구 자석의 치료 효과에 관한 연구는 1950년대 후반부터 2000년대까지 일본을 중심으로 활발하게 이루어졌다. 실제 효과는 어떨까? 일본어 문헌 데이터베이스를 중심으로 조사한 결과 1980년대부터 2000년쯤까지 진행된 무작위 대조군 연구가 수 건 있었고, 이를

자기로 결림을 치료하는 원리

메타 분석 데이터를 보면 치료 효과가 있는 것처럼 보인다. 그러나 원리(이론)는 아직 가설 단계에 머물러 있다.

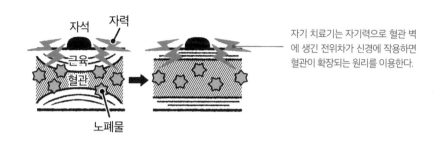

자기 치료기는 자기력으로 혈관 벽에 생긴 전위차가 신경에 작용하면 혈관이 확장되는 원리를 이용한다.

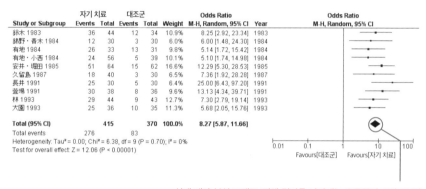

실제 메타 분석 그래프. 전체 결과를 나타내는 오른쪽의 ◆가 1보다 큰 [자기 치료] 구간에서 변동하므로 효과가 있다.

바탕으로 메타 분석이 새로 이루어졌다.

분석 결과 어깨결림 해소 효과가 확인되었다. 메타 분석을 위해 종합한 연구가 대부분 2주 ~1개월간 자석을 몸에 붙였을 때 나타나는 자각 증상과 타각 증상(다른 사람이 느끼는 증상)을 측정하고 블라인드 테스트를 수행했다는 점은 높게 평가할 만하다. 그러나 샘플 수가 많지 않았고 같은 시설에서 피험자를 선정한 연구도 일부 있어, 긍정적인 결과로 치우치기 쉬운 피험자가 선택적으로 뽑히는 편향이 나타날 가능성도 고려해야 한다.

일본에는 가정용 영구 자석 자기 치료기라는 의료 기기 카테고리가 있고 극단적으로 비싼 상품은 잘 팔리지 않는 실정이다. 환부에 자극을 가해 결림을 풀어준다는 주장이 어색하지는 않지만, 지금까지 밝혀진 결과는 가벼운 증상의 환자가 일정 자기력을 내뿜는 기기를 일정 기간 장착했을 때의 데이터임을 유념해야 한다.

평소 우리 몸에 노출되는 자기장의 세기

가정용으로 판매되는 영구 자기 치료기는 표면 자속 밀도가 약 200mT(밀리테슬라)인 제품이 많다. MRI는 1~3T, 지구 표면의 지자기는 대략 30μT(마이크로테슬라)다. 1mT는 1μT의 1,000배, 1T는 1mT의 1,000배다.

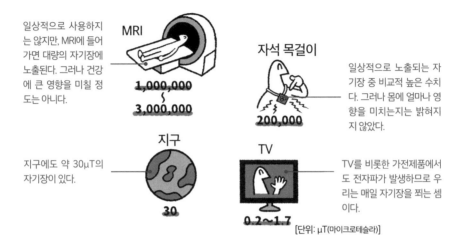

일상적으로 사용하지는 않지만, MRI에 들어가면 대량의 자기장에 노출된다. 그러나 건강에 큰 영향을 미칠 정도는 아니다.

MRI
1,000,000
~
3,000,000

자석 목걸이
200,000

일상적으로 노출되는 자기장 중 비교적 높은 수치다. 그러나 몸에 얼마나 영향을 미치는지는 밝혀지지 않았다.

지구
30

지구에도 약 30μT의 자기장이 있다.

TV
0.2~1.7

TV를 비롯한 가전제품에서도 전자파가 발생하므로 우리는 매일 자기장을 쬐는 셈이다.

[단위: μT(마이크로테슬라)]

명확히 밝혀지지 않은 자기력과 치료 효과의 관계

반대로 지금까지의 연구는 10mT 세기의 가짜 치료기를 대조군으로 사용했는데, 그 정도의 자기력은 인체에 영향을 미치지 않는다. 한편 자기력이 200mT일 때 증상이 회복될지 예측하기 어려우므로 자기력과 치료 효과의 대응 관계가 명확하게 밝혀졌다고 할 수 없다.

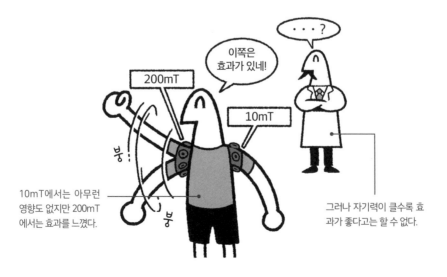

· · · ?

이쪽은 효과가 있네!

200mT

10mT

10mT에서는 아무런 영향도 없지만 200mT에서는 효과를 느꼈다.

그러나 자기력이 클수록 효과가 좋다고는 할 수 없다.

전 세계 사람들에게 똑같이 효과가 있을까?

서양에서 진행한 자기 치료 연구에서는 긍정적인 결과가 나오지 않았다(Pittler 등, 2007). 이유는 밝혀지지 않았지만, 증상의 심각성이나 체격의 차이 때문일지도 모른다.

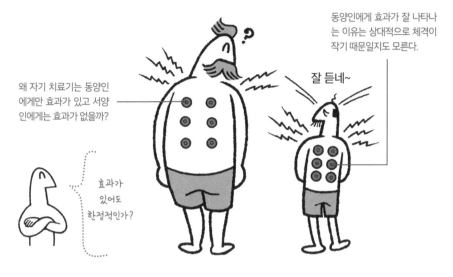

동양인에게 효과가 잘 나타나는 이유는 상대적으로 체격이 작기 때문일지도 모른다.

잘 듣네~

왜 자기 치료기는 동양인에게만 효과가 있고 서양인에게는 효과가 없을까?

효과가 있어도 한정적인가?

자기 치료에만 온전히 의존해도 될까?

시중에 판매되고 있는 자기 치료기. 수집 시기가 오래전이라 해도 검증된 데이터를 갖추고 있으므로 어깨결림 해소 효과를 어느 정도 기대할 수는 있다. 다만 자기 치료기보다 효과적인 수단이 있을지도 모른다.

자기 치료기에 치료 효과를 기대할 수 있다고 해도 스트레칭이 더 효과적이지 않을까?

자기 치료기는 다양한 형태로 판매되고 있지만, 효과 범위는 한정적이다.

24 수소수의 시시비비를 가리다

수소수 열풍의 진상

수소를 마시면 동맥경화와 생활습관병을 억제할 수 있다는 주장이다.

관련 연구는 많으나 실제로 건강 효과가 입증된 적은 없다.

사람을 대상으로 수소수의 효과를 조사한 실험에서 소규모 샘플로 폭넓은 질환을 분석한 선행 연구가 수 건 보고되었다. 그러나 이론을 바탕으로 결과를 예측한 데이터가 충분치 않아 모든 측정 항목 중 수치가 개선된 항목은 극히 한정적이었고, 개선된 결과를 다른 실험에서 똑같이 재현하지 못하는 문제(Aoki, et al., 2013; Botek, et al., 2021 등) 때문에 현시점에서는 설명 책임을 다했다고 볼 수 없다.

한때 수소수가 화제에 오른 적이 있었다. 수소의 농도를 높인 물인 수소수를 마시기만 해도 각종 건강 효과를 얻을 수 있다는 주장 때문이었다. 그러나 수소수는 현시점에도 효과가 충분히 검증되지 않았을뿐더러 선전 방법에 문제가 있는 사례도 종종 발견된다.

수소수의 건강 효과는 수소 분자가 몸에 침투해서 건강에 좋은 반응을 일으키도록 세포에 작용한다는 내용이 기본 원리인데, 각 세포를 자세히 관찰해서 이론을 검증하기 매우 어려웠다. 세포 내 지표로 평가할 수 있다면 타당성 높은 실험이 가능했겠지만, 지금으로서는 가능성이 희박하다. 의료 분야의 연구자들이 수술받은 환자에게 수소를 마시게 한 후 예후를 개

과다 복용에 의한 악영향도…

수소수의 건강 효과를 분석한 무작위 대조군 연구를 망라한 조사에는 건강한 사람을 대상으로 젖산 수치, 항산화 지표, 혈관 기능 등을 측정한 실험도 있었으나 결과는 대부분 부정적이었다(Chong, et al., 2019: Sim, et al., 2020 등).

한 연구(Nakao, et al., 2010)에 따르면 수소수를 하루에 1.5~2L씩 8주 동안 마신 피험자에게서 복통, 두통, 설사 등 가벼운 부작용이 나타났다.

수소수에 한정된 이야기도 아니지···.

꾸르륵···

수소수가 단순한 물이라도 지나치게 많이 마시면 몸에 좋지 않다.

선하도록 응용할 수 있지 않을까 검토하고 있지만, 이를 바탕으로 건강 효과를 주장하려 해도 이론을 입증하는 데이터의 타당성이 낮다. 병에 걸린 사람의 데이터로 병에 걸리지 않은 사람의 건강 효과를 입증할 수 없기 때문이다.

사람을 대상으로 한 실험에서 수소수 덕에 일부 지표가 개선되었다는 결과도 있지만, 데이터에 일관성이 없고 대규모 샘플을 대상으로 시행한 실험에서는 효과를 재현할 수 없었다(예: 항파킨슨병 효과). '수소수를 어떤 사람이 얼마큼 마시면 얼마나 효과가 있는가'라는 이론과 데이터 수집의 기반이 되는 지식이 충분하지 않기 때문이다.

그리고 만약 수소수에 건강 효과가 있더라도 수소를 생산할 때 미생물을 이용하는 것처럼 체내의 균류를 이용하는 방법도 고려해야 하므로(Michael & Levitt, 1969), 수소를 어떤 형태로 섭취하느냐에 대해서는 논의의 여지가 있다.

수소수 이론도 의문투성이

물을 전기 분해해서 수소 기체를 추출하면 산소 기체도 동시에 만들어지므로, '물에 녹아 있는 수소 분자에 건강 효과가 있더라도 산소 분자가 존재하면 효과가 상쇄될 텐데'라는 소박한 의문도 든다.

세포에 존재하는 다른 물질이 효과에 영향을 미치지 않는다는 이론적 검토와 이를 증명하는 실험적 검토가 필요하다.

수소 기체뿐만 아니라 몸 밖으로 배출해야 할 산소 기체까지 증가하지 않을까?

몸에 들어온 수소가 불필요한 산소 분자(활성 산소)를 몸 밖으로 배출시키지만….

문제는 과대광고

2021년 3월 일본 소비자청은 수소수 생성기 판매 업체 네 곳을 대상으로 경품표시법 위반[우량오인(상품이나 서비스의 품질, 규격 또는 그 외의 내용에 대한 부당한 표시 - 역주)]에 대한 조치 명령을 내렸다. 일정 농도의 수소수를 마시면 노화 방지, 염증 및 알레르기 억제 등 다양한 효과가 있다고 소비자에게 선전한 광고가 법에 저촉되었기 때문이다.

소비자청에 의해 단속되었다.

과대광고로 수소수를 판 악덕 업자.

효과가 거의 검증되지 않은 수소 상품

현재 수소수 외에도 수소를 이용한 다양한 형태의 상품이 시중에 나와 있다. 2023년 4월에는 스트레스가 쌓인 여성의 수면을 도와준다는 효과를 내세운 수소 젤리가 기능성 표시 식품으로 신고되었다. 그런데 논문을 조사해보니, 무작위 대조군 시험이라는 구색은 갖추었으나 실험 개시 전부터 이미 측정 항목에 유의미한 차이가 있었기 때문에 무작위 배정의 의미가 없었다(Nishide, et al., 2020). 게다가 피험자의 기분과 스트레스에 관한 보고도 없어 체리피킹(원하는 결과에 맞는 데이터를 취사선택하는 편향적 행위. 불완전한 증거의 오류라고도 한다 - 역주)이 아닌가 하는 의혹도 있다. 실제로도 실험 방법 및 결과의 해석에 대한 지적이 제기되었다.

다양한 수소 상품이 판매되고 있지만, 효과가 검증된 상품은 거의 없다.

이론도 데이터도 부족한 채 출시된 수소수

어떤 사람이 얼마큼 마시면 얼마나 효과가 있을까? 수소수는 각종 효과를 주장하지만, 사실 이론도 데이터도 부족할뿐더러 유사과학적인 행태를 보이는 상품이다.

수소수에 권위를 부여하는 사람은 누구일까?

25 EPA로 혈액 순환을 개선할 수 있다고?

관찰을 통해 밝혀진 과학의 진보

물고기에 많이 들어 있는 EPA는 혈액 응고를 막고 심근경색 및 뇌경색을 예방한다.

DHA와 EPA는 혈액 응고를 막고 혈전이 만들어지지 않도록 예방하는 생리 작용이 있다. 응고한 혈액 때문에 혈관이 막히면 심근경색 또는 뇌경색을 일으킬 우려가 있으므로 이를 예방하려면 EPA를 섭취해야 한다.

주로 물고기에 들어 있는 EPA(에이코사펜타엔산)는 DHA, α-리놀렌산과 함께 오메가3 계열 지방산이며 혈액 순환에 도움을 주는 성분으로 유명하다. 적혈구를 부드럽게 만들어 피가 끈적이지 않게, 즉 혈액 순환을 원활하게 하고 혈중 지방 농도를 낮추는 작용이 밝혀졌으며 이를 목적으로 처방하는 치료제도 있다. EPA의 효과를 검증한 과정은 아래에서 위로 진보하는 과학의 대표적인 사례다.

덴마크의 연구자인 요른 다이어버그는 1960~1970년대 그린란드에 사는 이누이트와 덴

예로부터 알려진 EPA의 효과

덴마크인과 이누이트의 비교 조사처럼 똑같이 고기를 먹고도 이누이트는 심장병에 잘 걸리지 않는다는 일화는 오래전부터 알려졌지만, 원인을 과학적으로 밝히고 활용할 수 있게 된 시기는 아주 최근이다.

백인이 먹는 고기는 이누이트가 먹는 고기보다 심장병을 일으킬 위험성이 크다.

똑같이 고기를 먹었는데 이누이트는 백인보다 심장병에 잘 걸리지 않았다.

마크인의 심장병 사망률 및 식생활을 비교하는 대규모 역학 조사를 수행했다. 그 결과 심장병으로 죽은 이누이트의 비율은 덴마크인보다 훨씬 낮았다. 똑같이 지방을 섭취했는데 왜 이런 결과가 나왔을까?

원인은 지방의 질 때문이었다. 이누이트는 채소를 거의 먹지 않는 대신 바다표범 고기를 주로 먹는데, 물고기 살에 가까운 바다표범 고기에는 EPA가 풍부하다. 이누이트의 혈액에 함유된 지방산의 조성을 분석한 결과 덴마크인보다 EPA 농도가 높았다.

이 조사로 EPA를 비롯한 오메가3 계열 지방산이 심장병 예방의 열쇠로 주목받았고, 이후 데이터가 모이면서 EPA의 원리도 밝혀졌다. 현재 오메가3 계열 지방산은 특정 영양 성분을 보충하는 건강 기능 식품으로 분류되었다.

DHA에 두뇌 향상 효과는 없다

EPA처럼 물고기와 바다표범에 많이 들어 있는 지방산인 DHA를 먹으면 기억력이 좋아진다고 한다. 그러나 학습 장애가 있는 아이가 오메가3 계열 지방산 영양제를 먹고 계산 능력과 필기 능력이 향상되는 결과는 없었다는 메타 분석 연구가 있다(Tan, et al., 2016). 등푸른생선을 많이 먹은 아이가 지적 능력이 높은 현상에 주목한 주장이지만, 충분히 검증된 내용은 아니다.

등푸른생선(DHA)을 먹는다고 머리가 좋아지지는 않는다.

DHA에 학습 능력 향상 효과는 없어.

혈액 순환이 원활해지면 무조건 좋을까?

EPA를 섭취하면 혈액 순환이 원활해지고 피가 끈적이지 않게 된다는 사실이 과학적으로 증명되었다고 해도 이를 무조건 긍정적으로 볼 수는 없다. 다쳤을 때 피가 잘 굳지 않아 위험한 사태로 번질 수 있기 때문이다. 광고를 지나치게 믿지 않는 편이 좋다.

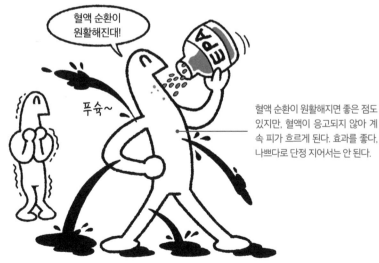

혈액 순환이 원활해지면 좋은 점도 있지만, 혈액이 응고되지 않아 계속 피가 흐르게 된다. 효과를 좋다, 나쁘다로 단정 지어서는 안 된다.

영양제가 비효율적이라고?

섭취량과 비용 대비 효과에도 주의해야 한다. 참치에는 70g당 EPA 90mg, DHA 201mg이 들어 있는데, 영양제에 들어 있는 EPA와 DHA는 더 적다. 뇌졸중 회복 및 예방과 관련이 없다는 데이터도 있으므로(Campano, et al., 2022) EPA와 DHA를 대량으로 섭취하면 반드시 건강해진다고는 볼 수 없다.

1일
약 100mg

참치 통조림 1캔
약 1,200mg

EPA 영양제는 비용 대비 함유량이 적다.

EPA를 효율적으로 섭취하려면 통조림이 좋다. 참치 통조림 1캔에는 약 1,200mg의 EPA가 들어 있으며 가격도 저렴하다.

올바르게 비교하면 단순 관찰도 무시할 수 없다

EPA는 오래전부터 알려진 관찰 결과를 비교 조사로 증명한 과학적 검증의 대표적인 사례다. 과대광고처럼 머리가 좋아지지는 않아도 피부 건강에는 좋다.

EPA는 과학적 검증으로 효과가 입증되었다.

EPA를 보충하기 위해 영양제를 고를 때는 함유량과 가격을 잘 살펴봐야 한다.

26 O링 테스트를 검증하다

손가락 힘만으로 좋고 나쁨을 판단한다고?

좋고 나쁨을 판단할 부위를 자극했을 때 손가락이 벌어지는지 붙어 있는지를 확인한다.

O링 테스트는 침과 뜸에서 발전했다.

측정 부위가 간이라면 측정자는 유리 봉으로 환부를 자극하면서 환자가 동그라미를 만든 손가락의 힘을 잰다. 만약 간이 아프면 뇌로 자극이 전달되면서 손가락이 벌려지지 않도록 저항하는 힘으로 나타난다.

엄지와 검지로 동그라미를 만들고 떨어지지 않도록 두 손가락에 힘을 준다. 상대방이 손가락을 떼려고 하면 동그라미를 유지하기 위해 버틴다. 이때 손가락이 떨어지면 몸에 이상이 있다는 증거다. 이를 'O링 테스트'라고 하며, 몸에 이상이 있는지 알아보거나 의약품이 몸에 맞는지 판단할 때 이용한다. 한쪽 손에 약을 쥐고 다른 쪽 손으로 동그라미를 만든 다음 O링 테스트로 손가락이 쉽게 풀리면 몸에 나쁜 약이라고 판단하는 식이다.

O링 테스트에 따르면 우리 몸은 일종의 센서인데, 정상 부위와 이상이 생긴 부위의 전자기

O링 테스트에 유파가 많다고?

O링 테스트를 최초로 고안한 사람은 일본의 의사 오무라 요시아키로, 오무라는 동양 의학에서 착상을 얻어 이론을 구축했다고 한다. 오늘날에는 오무라 이론에서 파생되면서 음양도나 색채 심리 이론을 도입한 유파도 있고 한편으로는 운명을 읽는다는 둥 비과학적이고 터무니없는 주장도 많다.

개중에는 과학적으로 측정할 수 없는 주장도 있다.

운명을 읽는다!
인생이 바뀐다!

전자파

사쿠라 미야파

의약품

고차원 O링 테스트

몸 상태 이상

오무라파

O링 테스트는 직관적이고 쉽게 와닿아서 그만큼 많은 유파가 생겼다.

장이 서로 달라 몸에 이상이 생기면 동그라미를 유지하는 힘이 약해진다고 한다. 이를 '신경 자극에 의한 생체 반응 및 근육의 긴장'이라는 말로 바꾸면 별로 수상하게 느껴지지 않는데, O링 테스트가 독자적으로 탄생한 게 아니라 침과 뜸에서 비롯된 이론이라는 점도 한몫한다.

그러나 그것만으로 약의 적합·부적합 판정을 내릴 수 있다는 주장이 설득력을 얻기는 어렵다. 좋고 나쁨의 기준이 무엇인지, 어떻게 신경 전달에 관여하는지 등 상세한 이론을 세우고 증명한 결과가 없기 때문이다. 좋고 나쁨을 판단하는 기준이 실질적으로 실험자의 재량에 달려 있으므로 반증 불가능한 구조다.

실제로 인체 구조상 손가락 끝을 잡아당기면 손쉽게 벌어진다. 즉 손가락을 벌리는 사람의 의도가 결과에 반영되므로 타당한 데이터를 수집하기 매우 어려운 시험이다.

손가락이 벌어지는 정도는 측정자의 재량

O링 테스트는 손가락이 벌어지는 정도를 측정자가 8단계로 나누어 평가하는 방식이다. VAS처럼 사람이 대상인 분야에서도 주관적인 판단을 수치화하는 방법을 종종 사용한다. 그러나 O링 테스트는 측정자와 환자의 체격 차, 측정자의 몸 상태, 손가락에 주는 힘 등 진단에 영향을 미치는 요인이 많고 이를 배제하기도 쉽지 않다.

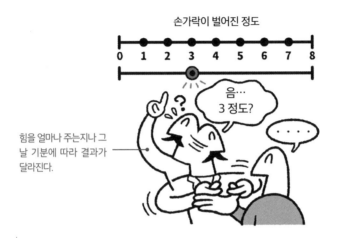

손가락이 벌어진 정도

0 1 2 3 4 5 6 7 8

음…
3 정도?

· · ·

힘을 얼마나 주는지나 그
날 기분에 따라 결과가
달라진다.

애초에 손가락이 벌어질지부터 측정자의 재량

인체 구조상 손가락 끝부분을 잡아당기면 누구든 손가락이 쉽게 벌어진다. 사고로 손가락을 잃어버린 사람이나 의식이 없는 환자도 본인과 측정자 사이에 제3자를 두면 O링 테스트를 할 수 있다고 주장하지만, 이 경우 신경이나 근육의 긴장처럼 이론과 어긋나는 부분을 어떻게 설명할지 의문이다.

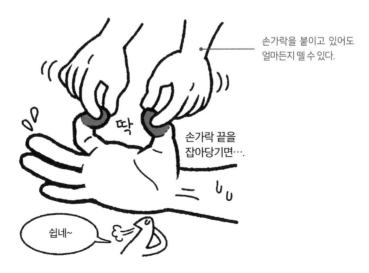

손가락을 붙이고 있어도
얼마든지 뗄 수 있다.

딱

손가락 끝을
잡아당기면….

쉽네~

유파를 따지기 전에 타당한 데이터 수집을 위해 검토하라

O링 테스트는 데이터도 이론도 부족하므로 신빙성이 전혀 없는 데다 좋고 나쁨을 판단하는 기준조차 확립되지 않아 편의에 맞게 해석할 수 있다.

사람마다 정의와 해석이 달라 입맛대로 이용할 수 있다.

데이터도 이론도 엉망인 O링 테스트.

분신사바의 구조와 콜드 리딩

무조건 맞는 사실

언젠가 일어날 일

사전에 들은 정보

착각은 아닌 것 같네.

사전에 들은 정보를 이용하는 기술은 핫 리딩이라고 한다.

독자 중에는 어렸을 때 분신사바를 해본 사람도 있을 것이다. 종이와 펜을 준비해서 펜을 잡고 주문을 외우면 펜이 마음대로 움직이면서 글씨를 쓰는 놀이로, 원조인 일본에서는 '콧쿠리상'이라고 하며 펜 대신 동전을 이용한다. YES/NO와 문자가 적힌 종이에 동전을 놓고 그 위에 검지를 올린 다음 "콧쿠리상, 콧쿠리상, 이리 와주세요"라고 주문을 외우면 동전이 움직이며 질문에 대답해준다고 하여 심령 현상으로 알려져 있다.

사실 분신사바, 콧쿠리상은 심령 현상이 아니라 테이블을 사용하는 서양의 심령술에서 유래한 놀이다. 심령 현상처럼 보이는 이유는 참가자 중에 소원을 이루고 싶은 사람이 동전을 무의식적으로 움직였기 때문이다.

만약 참가자 중 분신사바를 시큰둥하게 생각하는 사람에게서 그 사람만 아는 정보를 끌어냈다면 놀이를 성공적으로 끝내고 싶은 참가자가 콜드 리딩이라는 테크닉을 사용했을 가능성이 크다. 콜드 리딩은 소통을 통해 마치 초능력을 발휘한 듯한 인상을 상대에게 심는 화술로, 점쟁이나 무속인이 자주 쓰는 테크닉이다. O링 테스트나 성격 진단이 잘 맞는 것처럼 느꼈다면 사실 이 콜드 리딩 때문일지도 모른다. 과학성을 확립하려면 이러한 심리 기술의 영향도 고려해야 한다.

제 5 장

현대사회와
유사과학

과학을 영위하는 주체가 인간인 이상 사회와의 관계는

떼려야 뗄 수 없다. 특히 정보가 넘치는 현대사회에는 과학 혹은

유사과학이 관여하는 사례도 많아졌다. 제도와 규제가 있는

사회에 과학과 유사과학이 어떻게 관여하는지, 그리고

어떤 영향을 미치는지 생각해보자.

27 오랜 역사의 혈액 클렌징

과학과 사회의 복잡한 관계

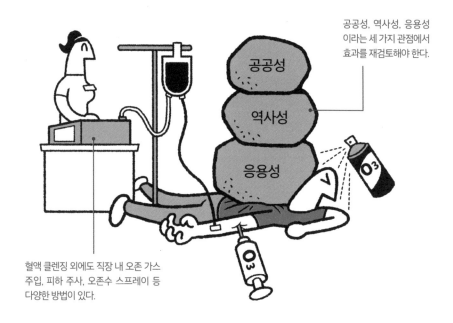

공공성, 역사성, 응용성이라는 세 가지 관점에서 효과를 재검토해야 한다.

혈액 클렌징 외에도 직장 내 오존 가스 주입, 피하 주사, 오존수 스프레이 등 다양한 방법이 있다.

산화력이 강한 오존을 낮은 농도로 주입하면 호르메시스 효과(8항 참조)를 얻을 수 있는데, 혈액 클렌징은 이를 이용한 치료법이다. 높은 농도의 오존을 주입하면 위험할 수 있어 실제로는 희석해서 주입한다.

과학이 우리의 일상에 크게 이바지하는 이상 사회에 영향을 미친다는 관점에서는 유사과학 역시 무시할 수 없게 되었다. 유사과학을 구별하는 포인트에는 다음과 같은 특성이 있다.

1. 공공성: 학회처럼 사회적으로 개방되어 있고 특정 권위를 맹신하지 않는 구조인가?
2. 역사성: 논문으로 이론과 데이터를 입증·비판한 토론의 역사가 있는가?
3. 응용성: 잘못된 인식으로 이용될 우려 없이 사회적으로 응용할 수 있는가?

즉, 사회적으로 검토하는 체제와 토론의 역사가 있고 적절한 형태로 응용할 수 있는지가 포인트다.

호흡과 별반 차이 없는 혈액 클렌징

혈액 클렌징의 문제는 질병을 앓는 사람에게 심리 효과를 유발한다는 점이다. 이를 믿는 사람들은 검붉은 정맥혈에 오존 가스를 주입하면 피가 선홍색으로 바뀐다고 주장하지만, 피의 색이 바뀌는 이유는 산소(O_2)의 동소체(같은 원소로 이루어져 있지만 모양과 성질이 다른 물질 - 역주)인 오존(O_3)이 체액에 들어가면 곧바로 분해되어 산소로 바뀌면서 헤모글로빈과 결합하기 때문이다. 즉 호흡과 원리가 같은데도 피의 색이 바뀌는 현상에 사로잡혀 플라시보 효과가 나타난 셈이다.

눈에 보이니까 효과가 있다고 생각했을지도 몰라.

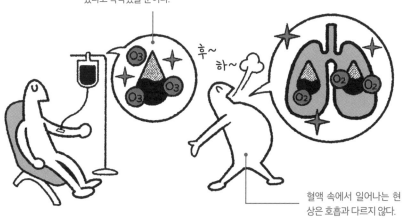

헤모글로빈에 산소가 결합해서 피가 선홍색으로 변하는 현상을 보고 피가 맑아졌다고 착각했을 뿐이다.

후~ 하~

혈액 속에서 일어나는 현상은 호흡과 다르지 않다.

한때 일본에서 화제가 되었던 혈액 클렌징을 예로 들어보자. 혈액 100~200cc를 뽑아 오존 가스와 혼합한 다음 몸에 다시 넣는 치료법으로, 정식 명칭은 오존요법이다. 1900년대 초 독일에서 유래했으며 피로 해소, 암·당뇨병 예방 등 각종 건강 효과로 일본에서도 유명인들을 중심으로 유행했다.

혈액 클렌징의 원리와 데이터의 과학적 신빙성은 다음 항에서 알아보자. 혈액 클렌징 자체는 1915년 제1차 세계대전에서 총에 맞은 병사의 상처를 오존 가스로 소독해서 파상풍을 예방했다는 일화에서 유래해 민간요법으로 널리 퍼졌다고 한다. 그러나 역사가 오래된 만큼 연구자들 사이에서 비판과 함께 토론이 활발하게 이루어졌는가 하면 그렇지만도 않다. 일부 사람들만 추천할 뿐, 효과가 검증되지 않은 채 몸에 좋다는 말만 사람들 사이에 떠돌고 있어 혈액 클렌징의 사회적 평가는 좋지 않다.

몸속에 직접 주입했을 때의 위험성

몸속에 오존을 주입하면 불필요한 산소가 활성 산소로 바뀌면서 우리 몸에 악영향을 끼칠지도 모른다. 이 때문에 호르메시스 효과처럼 특수한 이론을 제시한 모양이지만, 전제로 삼은 이론 자체의 타당성이 낮다.

활성 산소

오존을 지나치게 많이 주입하면 몸에 악영향을 끼치는 활성 산소가 만들어진다.

오존 가스를 직접 주사했을 때 허리 통증이 줄었다는 데이터로 혈액 클렌징의 유효성을 한정적으로나마 입증한 연구도 있다(Liu, et al., 2015).

바늘을 찌르면 몸에 좋을 것 같은 심리

지금까지 혈액 클렌징 효과를 연구한 실험은 바늘을 찔러 혈액 클렌징을 받은 실험군과 바늘을 찌르는 대신 같은 효과의 영양제를 먹는 것으로 대체한 대조군으로 나누어 진행되었다. 그런데 '바늘을 찌르는 행위'가 실험 대상에게 고통과 자극을 주어 심리 효과(플라시보 효과)를 유발했을지도 모른다. 이는 무작위 대조군 연구라 해도 대조군을 어떻게 설계하느냐에 따라 실험의 질이 달라지는 대표 사례다.

효과가 있는 것 같아…!

비교 대상으로

약을 먹는 행위와 바늘을 찌르는 행위는 피험자가 받는 심리적 영향이 매우 다르므로 비교할 수 없다. 엄밀히 따지면 '바늘은 찌르는데 오존을 주입하지 않고 혈액을 다시 몸속에 주입'하는 행위를 대조군으로 설정해야 한다.

안 돼

바늘을 찌르자 몸이 좋아졌다고 느끼는 플라시보 효과가 나타났다.

올바른 검증을 위한 비교법

바늘을 찌르는 행위 자체의 문제점은 침구학 연구에서도 똑같이 나타났다. 한방 치료는 적절한 경혈(經穴)에 침을 놓거나 뜸을 뜸으로써 성립되며 이는 이론적 지주이기도 하다. 그러나 침구 이론과 상관없이 침을 찌르는 행위로 유발된 심리 효과가 아니냐는 비판이 제기되었고, 이후 침구학 연구에서는 이를 반영하여 대조군에 가짜 침(찌르는 느낌만 있고 실제로는 찌르지 않은 침)을 사용하게 되었다.

비교 대상으로

OK

경혈에 침을 찔러 자극하는 침구학은 가짜 침을 찌른 피험자를 대조군으로 설정해서 비교해야 효과를 검증할 수 있다.

역사는 깊지만 효과는 글쎄…

혈액 클렌징은 독일에서 기원한 유서 깊은 치료법이지만 효과를 검증한 데이터가 거의 없다. 사실 호흡과 별반 다르지 않은데도 연출로 효과를 부풀리는 광고 전략은 도리어 부정적인 인상을 줄 뿐이다.

정말일까…?

대단해~

아니, 그럴 리가….

일본에서는 부유층과 유명인을 중심으로 퍼진 건강 요법이지만 온라인에서는 논란이 끊이지 않는다.

28 학회는 동호회다!

과도한 권위 부여에 주의!

학회가 위인들의 모임처럼 보일지 몰라도 사실 한 분야의 전문가들이 모인 동호회나 다름없다.

밖에서 보면 작은 새장인데 말이야.

학회

학회의 권위를 이용하려고 돈을 내는 업자도 많다.

학회의 존재 의의라는 관점에서는 권위를 이용하려는 사람들 역시 골칫거리다. 기업이 찬조회원으로 학회에 가입해서 자금을 지원함으로써 연구 개발이 진행되는 사례도 많지만, 이를 기업이 홍보에 이용하면 위 그림 같은 상황이 될 수도 있으므로 특히 주의해야 한다.

'학회'라는 말을 들으면 보통 어떤 이미지가 생각나는가? 잘은 몰라도 무언가 대단한 일을 할 것 같다며 막연하고도 권위적인 이미지를 떠올리는 사람이 많지 않을까.

학회는 어떤 분야나 그 분야와 관련된 분야에 관심이 있어 학술적으로 탐구하고자 하는 사람들이 모여 교류하는 자리이므로 동호회나 다름없다. 가입할 때 특별한 자격을 요구하는 경우는 거의 없고 그 분야에 흥미만 있으면 누구든 환영받는, 열린 모임이 학회.

128

학회는 영리 단체가 아니다

운영 자금을 대부분 회비로 충당하는 학회가 많다. 그래서 최소한의 운영 자금조차 부족한 학회도 있고, 학회장이나 학회 이사 등 임직원이 되어도 금전적인 이점은 없다. 하지만 한편으로는 그러한 직위를 회원들의 신임을 얻었다는 방증으로도 볼 수 있다. 학회는 선의에 따라 자발적으로 운영되는 단체이며 그 이념 덕에 지금까지 과학이 발전해왔다고도 할 수 있다.

본디 학회란 연구자끼리 교류하고 지식의 저변을 넓히는 자리다. 연구하는 보람이 밑바탕에 깔려 있기에 아무리 자금 부족에 시달리더라도 활동할 수 있다.

상품에 '학회 공인' 같은 문구를 내걸기 위해 학회에 몰리는 업자도 많고 그런 행태를 좋아하는 학회도 있다.

학회가 학술지를 간행하고 학술 대회를 운영하는 등 과학 커뮤니티의 중요한 일익을 담당한다 해도 '○○ 학회 공인', '×× 학회 공식 의견'처럼 학회를 지나치게 권위적으로 포장하는 정보에는 주의해야 한다. 앞에서 소개했다시피 학회는 열린 모임이고 다양한 배경의 사람들이 의견을 주고받으며 발전하고자 모인 자리이므로, 학회 소속이라는 명함이 아니라 다른 회원들에게 새로운 지식을 제공하고 토론하는 활동이야말로 가치가 있다. 따라서 의미를 따지면 학회는 동호회에 가깝다. 오히려 학회라는 이름으로 통일된 의견을 내기 쉽지 않을뿐더러 그것이 주목적도 아니다.

전 세계에 설립된 학회는 많은데, 일본을 예로 들자면 일본 학술회의의 협력 학술 연구 단체만 해도 1,000곳 이상 등록되어 있다고 한다. 다만 일반 소비자는 학회의 권위를 내세워 홍보하는 문구와 정보가 있다면 의심해야 한다.

상품의 매력과 상관없는 특허

학회뿐만 아니라 특허나 국가 표준 규격처럼 사업자에게 필요한 정보를 소비자에게 홍보하는 상품도 있다. 특허는 발명자의 사업상 우선권을 보호하기 위해 설립된 제도이므로 일반 소비자에게는 아무런 상관이 없다. 그런데도 소비자에게 특허 취득을 강조한 광고가 있다면 이는 단순히 소비자에게 어필하는 것이 목적이다.

경쟁자가 적은 사업에서는 상품의 제조 공정 및 판매 전략을 고안함으로써 비교적 쉽게 특허를 취득할 수 있다.

상품의 매력과 전혀 상관없는 특허를 광고에 넣기도 한다.

특허≠상품의 매력

대단해!

대다수에게 통하지 않더라도 흥미를 보이는 사람이 조금이라도 있으면 된다는 사고방식이다.

과학적 근거와 상관없는 국가 표준 규격

국가 표준 규격(KS)은 광공업 제품의 품질 개선, 생산 공정의 합리화, 소비의 합리화 등을 위해 정해진 기준이다. 국가 표준 규격 덕에 여러 제조사에서 똑같은 제품을 만들어도 소비자는 아무 불편함 없이 사용할 수 있지만, 규격을 지킨다고 유사과학이 과학으로 바뀌지는 않는다.

국가 표준 규격≠과학적 근거

국가 표준 규격은 공업 제품을 생산할 때 지켜야 하는 기준이다. 이를테면 국가 표준 규격을 지켜 만든 휴지를 다른 회사에서 만든 휴지걸이에 끼워도 문제가 없다.

KS

국가 표준 규격을 과학적 근거의 보증 수표처럼 내세우는 행동은 옳지 않다.

학회의 원래 역할

자기 연구에 틀어박히기 쉬운 연구자에게 학회는 인적 네트워크를 넓히기 좋은 자리이기도 하다. 실제로 학회에서 알게 된 인연으로 나중에 일자리를 얻은 연구자도 많고, 자기 자신을 소개하거나 자신의 성과를 알리기 위해 학회에서 연구를 발표하기도 한다.

학회는 연구실에서 많은 시간을 보내는 연구자가 자신을 알리는 자리다.

노력의 성과를 발표하는 자리!

동호회에서 시작한 학회

학회는 연구자끼리 교류하며 지식을 쌓는 자리다. 그러나 학회의 이름을 이용해서 권위를 내세우는 사람도 있으므로 주의해야 한다. 학회라는 조직 자체보다 회원들끼리 토론한다는 본질이 중요하다.

수익을 목적으로 학회를 이용하려는 태도는 학회의 존재 의의에서 벗어난다.

연구는 즐거워!

학회의 공식 견해!

보증 수표!

29 논문을 아무나 낼 수 있다고?

동료 평가 제도와 좋은 논문을 판별하는 방법

동료 평가를 통과한 좋은 논문을
게재하려면 노력이 필요하다.

논문에는 좋은 논문과 나쁜 논문이 있
다. 오늘날에는 아무렇게나 쓴 나쁜 논
문도 실을 수 있게 되었다.

동료 평가의 형태는 다양하다. 저자와 평가자의 정체를 서로에게 숨기는 이중 암맹 평가, 평가자가 일방적으로 저자의 정체를 아는 단일 암맹 평가, 서로 정체를 아는 개방형 심사 등이 있다. 기본적으로 동료 평가는 부담이 크고 표면에 드러나지 않는 작업이다. 나도 몇 번인가 동료 평가를 맡은 적이 있는데 논문을 타당한 기준으로 심사하기란 쉽지 않았다. 여러모로 힘든 점이 많은 자원봉사에 가깝다.

학회의 전문 학술지는 저자가 투고한 논문을 그대로 싣지 않는다. 연구자들의 심사, 즉 동료 평가를 통과해야 학술지에 게재될 수 있다.

동료 평가의 통과 여부는 한때 유사과학을 구별하는 포인트였다. 하지만 최근에는 학술지가 많아지고 전자 저널의 비중이 늘면서 논문 투고의 진입 장벽이 낮아진 데다 약탈적 학술지마저 등장하면서 효력이 약해졌다. 오늘날 유사과학은 주장을 뒷받침하는 논문이 없는 사

동료 평가라고 안심할 수 있을까? 약탈적 학술지의 함정

게재료만 내면 엄격한 동료 평가를 통과한 셈 치고 논문을 게재해주는 악질적인 학술지를 '약탈적 학술지', 일본에서는 호시탐탐 먹이를 노리는 독수리에 빗대어 '독수리 저널'이라고 한다. 엉망인 논문을 학술지 304곳에 투고해봤더니 절반 이상이 게재할 수 있다는 답변을 보내왔다고 폭로한 논문도 있는데(Bohannon, 2013), 그야말로 소칼 사건(5항 참조)이 떠오른다. 학위 논문을 신청할 때 필요한 동료 평가 통과 논문을 일정 수 확보하기 위해, 또는 일자리를 못 구한 젊은 연구자가 실적을 쌓기 위해 약탈적 학술지를 이용한다.

학위나 지위로 꼬드기고 동료 평가를 통과한 것처럼 속여서 논문을 싣는 약탈적 학술지.

젊은 연구자가 빠르게 실적을 쌓으려고 약탈적 학술지에 논문을 실었다가 신뢰를 잃기도 한다.

례보다 내용을 확대해석하거나 데이터 수집 방법에 문제가 있어 논문의 질이 낮은 사례가 훨씬 많다.

동료 평가 논문은 과학적·학술적 방법론을 토대로 했는지와 논문을 게재한 학술지의 방침에 적합한 내용인지 아닌지를 보장할 뿐, 논문 내용이 객관적 사실임을 보장하지는 않는다. 동료 평가 제도는 유사과학을 판별하는 문지기가 아니다.

최근 P-해킹이나 체리피킹처럼 연구에 맞는 데이터만 골라 사용한 논문이 문제로 대두되고 있다. 앞으로는 명백히 날조하거나 내용을 고친 논문뿐만 아니라 이러한 논문까지 판별하는 능력이 소비자에게 필요해질 것이다. 유사과학 수법도 유사과학을 꿰뚫어 보는 데 필요한 기술도 점점 복잡해지고 있지만, 소비자 상담원처럼 유익한 제도를 활용하며 다 함께 노력해야 한다.

우연을 필연처럼 보이게 하는 기술

'P-해킹'은 통계적으로 의미 있는 데이터가 아님에도 불구하고 마치 의미 있는 데이터인 것처럼 보고하는 행위로 데이터 드레징, 데이터 스누핑이라고도 한다. 보통 통계학에서는 유의 수준을 0.05로 설정하는데, 우연히라도 20번 중 한 번은 유의한 결과가 나타난다는 뜻이다. P - 해킹은 '20번에 한 번꼴로 일어나는 현상이 실제로 일어나면 필연적으로 일어난 이유가 있다는 사고가 합리적'이라는 추측통계학적 해석을 역으로 이용한 수법이다.

우연히 맞췄더라도 관점에 따라 실력이 뛰어난 것처럼 보일 수 있다.

효과 유무도 실험자의 재량?

'체리피킹'은 실험으로 얻은 데이터에서 자신에게 유리한 데이터만 뽑아 주장을 전개하는 행위를 가리킨다. 예를 들어 어떤 영양제를 먹은 실험군과 먹지 않은 대조군을 대상으로 혈압과 혈당치를 포함한 20~30개의 생리학적 지표를 측정·비교하면, 1개 정도는 유의미한 5% 안에 들어가는 긍정적 결과가 우연히 나타날 수 있다. 다른 지표는 감추고 긍정적인 지표만 보고해서 마치 효과가 있는 것처럼 의도적으로 보이게 했다고 의심될 때 체리피킹이라는 용어를 사용한다.

자신이 원한 결과만 골라 발표하는 행위. 실제로는 주장과 맞지 않는 데이터도 많다.

논문을 볼 때는 결과가 아닌 방법에 주목!

현대사회가 되면서 동료 평가를 통과한 논문을 근거로 제시해도 유사과학을 판별하기 어려워졌다. 누구든지 논문을 쓸 수 있다고 생각하고, 논문의 유무가 아니라 양질의 논문인지 판단하는 포인트를 익히자.

논문은 결과보다 방법이 중요하다.

학술적 방법론 ✕ 객관적 진실

논문 내용의 객관적인 진위는 해당 논문만 보고 판단하는 게 아니라 이후 토론을 거쳐 확립해야 한다.

column

제초제 글리포세이트와 IARC: 뉴스와 미디어의 관계

IARC의 발암성 분류는 발암성과 노출량에 따라 위험성을 나눈 표기가 아니다. 2A군에는 글리포세이트뿐만 아니라 살코기, 야근, 커피 등도 포함된다.

전 세계에서 널리 쓰이는 제초제의 주성분인 글리포세이트는 1970년 미국 생화학 제조업체 몬산토에서 개발한 제초제 라운드업으로 더 유명하다. 대중적으로는 인지도가 낮을지 몰라도 과학과 유사과학에 관한 뉴스로 한때 화제가 되었다.

2012년 질에릭 세랄리니라는 프랑스 연구자가 발표한, 글리포세이트 제초제에 내성이 있는 유전자 조작 식물을 먹인 랫트(rat)의 암 발병률 및 사망률이 증가했다는 연구 결과가 계기였다. 큰 종양이 생긴 랫트의 사진을 게재한 논문은 미디어의 주목을 받는 등 반향을 일으켰고, 2015년에는 IARC(국제 암 연구 기관)가 글리포세이트를 2A군(인체에 암을 일으키는 것으로 추정되는 물질)으로 지정했다.

그러나 세랄리니의 논문은 동료 평가를 통과했으나 실험 및 분석 방법이 허술하다는 지적을 받았다. 구체적으로는 유전자 조작 식물이 아닌 식물을 먹인 랫트(대조군)가 암에 걸릴 확률이 더 높았고 원래 암에 걸리기 쉬운 랫트를 선택적으로 실험에 사용한 데다 샘플 수도 충분치 않았다. 최종적으로 세랄리니의 논문은 기존 학술지에서 철회되고 다른 학술지에 게재되었다.

이 사건을 자세히 조사해보니 IARC 보고서에서도 의문점이 발견되었다. 해당 보고서는 메타 분석 결과[휴대전화의 암 발병 위험성을 주장한 Hardell(18항) 연구진의 데이터 인용]를 바탕으로 글리포세이트의 발암성에 관해 기술한 내용이다. 그런데 메타 분석에 쓰인 논문의 데이터는 글리포세이트의 고유 위험성을 추정한 데이터가 아니라 각국의 대규모 농원 종사자를 대상으로 모든 농약의 위험성을 추정한 데이터의 극히 일부를 인용한 데 지나지 않았다(논문은 DDT 등 문제점이 발견된 농약의 영향이 크고 글리포세이트 자체는 문제없다고 주장했다). 게다가 논문의 주제도 농작물에 남아 있는 농약이 소비자에 미치는 영향이 아니라 농업 종사자의 위험성이었다.

이러한 데이터 인용 방식은 P – 해킹과 체리피킹이라는 관점에서도 문제인데, 검증되지 않은 논문 내용이 국제기관의 공식 보고서에 인용되면서 사태가 심각해졌다.

지금까지의 상식을 뒤엎는다는 말을 의심하라

토론의 역사를 존중받는 과학

화제에 오를 만큼 큰 성공은 무수한 실패 끝에 이룬 성과다.

방대한 역사가 쌓이면서 지금의 과학 지식이 성립되었다. 우리가 평소 접하는 뉴스는 그 과정에서 표면으로 드러난 극히 일부일 뿐이다.

미디어에서 과학을 조명할 때 '새로운 발견'이나 '지금까지 없던 사실'처럼 새로움에 초점을 맞춘 문구를 사용할 때가 많다. 하지만 과학의 세계에서 완전히 새로운 발견이라는 말은 일단 의심해야 할 대상이다.

과학자들이 지금까지 쌓아온 지식을 바탕으로 의견을 주고받고 때로는 비판하면서 오랫동안 토론을 거친 끝에 과학 지식이 발전할 수 있었다. 축적된 데이터를 한순간에 뒤집기는 정말 어려울뿐더러 과거의 지식을 무시하면서까지 토론을 이끌어나갈 수도 없다. 이처럼 보

미디어와 상성이 나쁜 과학 토론

본래 과학과 미디어는 상성이 나쁘다. 예를 들어 개가 사람을 물었다는 소식은 보도되지 않지만, 사람이 개를 물었다면 언론에 보도된다. 과학 토론은 대부분 전자의 재현성을 바탕에 두므로 보도 가치가 낮고, 그 때문에 표제가 과격해지는 경향이 있다.

개가 사람을 무는 일은 종종 일어나므로 화제가 되지 않는다.

사람이 개를 무는 일은 흔치 않기 때문에 화제가 된다.
미디어는 사건의 진위보다 화제성을 중시한다.

수적인 자세가 과학의 발전에 이바지해온 면도 있기에, 기존의 지식을 뒤집는다고 주장하려면 수많은 반대 의견을 무릅써야 한다. 그러므로 과학의 실태를 반영하면서 정보 제공 면에서도 정확한 요소는 '실험의 재현성'이라고 할 수 있다.

흔한 현상은 화젯거리가 될 수 없지만 사실 그 흔한 현상이야말로 과학의 진수다. 그 때문에 과학 전문 기자는 특종을 못 찾고 신문사로부터 눈치를 받는 바람에 고민이 많다.

다만 패러다임 전환을 겪은 뒤에도 전제가 되는 이론이 사라지지 않은 경우가 있다. '사혈'이 전형적인 예시다. 몸속의 '나쁜 혈액'을 바깥으로 배출한다는 치료법인데, 인체의 네 가지 체액(혈액, 흑담즙, 황담즙, 점액)의 균형이 무너지면 질병에 걸린다는 설이 근대까지 널리 퍼지면서 사혈은 일반적인 치료법으로 정착되었다. 특히 경주마를 대상으로 한 사혈 요법은 '세침 (笹針)'이라 하여 극히 최근인 2022년까지도 제재되지 않고 쓰였다.

요점은 재현성이다

재현성, 즉 누가 해도 같은 결과를 얻을 수 있는 특성은 과학적 데이터의 주요 포인트다. 그러나 재현 실험은 연구 및 논문의 형태로 완성되기 어려워 제대로 평가받지 못한다는 측면도 있다. 이 때문에 연구자는 재현 실험에 시간을 할애하려 하지 않고, 그로 인해 잘못된 연구 결과가 학회에 보고되면 바로잡기 힘들어진다.

예술 작품처럼 재현하기 힘든 분야는 과학적이라고 할 수 없다. 재현할 수 없는 대상에 관해 학회에서 토론하려 하지 않는 상황도 문제다.

재현할 수 없어….

재현했다!

신뢰할 수 있는 과학적 지식이란 요리 레시피처럼 재현할 수 있는 지식을 뜻한다.

과학 토론은 얼굴을 맞대고 해야 한다고?

최근에는 학회와 학술지뿐만 아니라 인터넷상에서도 과학 토론이 이루어진다. 과학적 방법론을 배우지 않은 사람들도 참여하므로 양질의 토론이 이루어지기 힘들고, 얼핏 보면 우세처럼 보여도 사실 허세를 떨칠 뿐인 상황도 종종 있다.

인터넷에서 일어나는 토론

얼굴을 마주 보고 하는 토론

얼굴을 마주 봐야 건설적인 토론을 할 수 있다.

익명성이 보장되어 있고 문자를 통해 이뤄지는 토론은 인신공격처럼 잘못된 방법에 빠지거나 극단적인 결론으로 치닫기 쉬우므로(집단극화) 주의해야 한다.

새로운 지식을 입증하려면 오랜 토론이 필요하다

예상치 못한 결과나 혁신적인 발표보다 오랜 토론을 거쳐 입증된 지식이 더 가치 있다. 주목받기 쉬운 '결과'보다 시행착오가 중요한데 이를 가시화하는 과정이 토론이기 때문이다.

언론은 눈에 띄는 결과를 보도하기 마련이지만 그때까지 주고받은 토론이 더 중요하다.

결과에 이르기까지의 토론은 전부 담아내기 힘들지 몰라도….

---

column

부정적인 결과는 출판되지 않는다고? 토론의 한계와 출판 편향

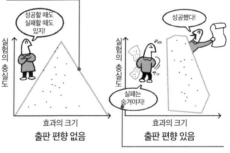

실패도 과학 토론에 빠져서는 안 될 중요한 결과다.

성공할 때도 실패할 때도 있지!

실험의 충실도 / 효과의 크기 / **출판 편향 없음**

성공했다!

실패는 숨겨야지!

실험의 충실도 / 효과의 크기 / **출판 편향 있음**

실패한 결과는 잘 발표되지 않으므로 성공 사례에 치우친 데이터가 되기 쉽다.

과거부터 축적해온 과학 지식은 분명 중요하지만, 과학을 영위하는 주체가 사람이고 그 사람이 사회에 속해 있는 이상 구조적으로 피할 수 없는 문제도 있다. 그중 하나가 긍정적인 연구는 출판(공표)되기 쉽고 부정적인 연구는 그렇지 않다는 '출판 편향'이다.

100번 이륙하면 100번 비행하는 비행기와 달리, 대규모 데이터를 통계적으로 분석함으로써 비로소 효과를 확인할 수 있는 대상 및 가설을 검증할 때는 반드시 실험을 여러 번 반복해야 한다. 이때 피험자의 성질이나 연구자의 실력 등 다양한 이유로 예상치 못하게 가설에 맞지 않는 부정적인 결과가 나오기도 한다.

그러나 연구자는 긍정적인 결과를 얻지 못하면 실패한 연구라고 생각해서 데이터를 공표하지 않으려 하는데, 이를 '서류함 효과'라고 한다. 이는 긍정적인 결과와 부정적인 결과가 섞여 있을 때 긍정적인 결과만 공개하는 이유로 지목된다.

잘못된 태도로 과학을 마주해서 자신의 주장과 맞지 않는 결과를 처음부터 받아들이지 않는 학회도 있다. 연구가 많이 발표되면 이러한 출판 편향을 메타 분석으로 추정할 수 있다. 제대로 된 결과를 얻으려면 재현 실험이 매우 중요하다.

31 한의학이 과학에 편입되기까지

기술은 과학의 씨앗?

모든 효과가 밝혀지지는 않았으나 경험
적으로 효과가 입증된 약재가 많다.

이 효과가
두드러지는군.

대건중탕은 산초, 인삼, 건강(말린 생강) 등의 생약을 배합해서 만든 한약이다.
복통과 복부팽만을 완화하고 위장 상태를 개선하는 효과가 있다.

대건중탕은 신경전달물질인 아세틸콜린의 분비를 촉진해서 위의 움직임을 활발하게 하는 작용 기전이 밝혀
졌으며 그 밖에도 무작위 대조군 연구를 통해 효과가 안정적으로 검증되었다. 기술이 과학을 입증함으로써 과
학·기술로 융합해서 발전한 사례라고 할 수 있다. 이 과학·기술을 연구하는 분야가 바로 공학이다.

숙련된 사람만 성공할 수 있는 비장의 기술을 모두가 이용할 수 있도록 만드는 공정은 과학
의 진수다. 과학·기술로 구분하는 데서도 알 수 있다시피 과학과 기술은 서로 다른 영역이다.
　이를테면 한의학은 지금도 사회에서 널리 응용되는 '기술'이다. 한의학에서는 기·혈·진액,
음양 등 독자적인 이론에 인체의 상태를 나타내는 증(證)이라는 개념을 더해 환자의 상태를
진단하고 한약을 처방한다. 한약은 200종 이상의 생약을 다양하게 조합해서 만들며 대부분
식물에서 유래한 천연 성분이다. 일본의 경우 개항을 요구하기 위해 일본에 입항한 미국의
페리 제독이(쿠로후네 사건) 한약을 먹고 감기가 나았다는 등 수많은 일화가 남아 있다. 그만큼

뒤늦게 과학에 편입된 한의학

1960년대 일본에서, 한약은 그 값을 책정할 때 '장기간 사용해온 경험에 따라 유효성과 안전성을 보증한다'는 이유로 임상 시험을 거치지 않고 승인되었다(1985년까지 148종이 승인됨). 시대가 시대이기도 했지만, 경험적인 지혜를 바탕으로 가치를 매긴 대상과 사상은 과학이외에도 수없이 존재한다.

효과를 정확하게 평가하는 것도 과학의 역할이지.

마침내 과학으로 조명받은 한의학.

과학은 각종 대상의 가치를 가시화한다. 즉 응용성은 과학으로 발전할 가능성을 나타내는 지표다.

이론이나 데이터와 별개로 한의학은 사회적으로 응용성이 큰 분야다. 그러나 과학적인 원리와 효과는 최근까지도 검증되지 않았다.

하지만 독자적인 개념을 바탕으로 하는 한의학 이론은 둘째 치고, 최근 한약의 효과를 과학적으로 검증하려는 시도가 활발하다. 상세한 작용 기전뿐만 아니라 무작위 대조군 연구로 효과가 엄밀히 검증된 대건중탕, 육군자탕 등의 한약은 제자에게만 전수하는 비전을 과학으로 현대화하는 데 성공한 사례라고 할 수 있다.

과학이 사회의 일부인 이상 비판과 검증을 수용하는 체제의 유무는 중요한 관점이다. 가령 한의학에서는 무작위 대조군 연구보다 강력한 사례 보고를 한방 치료의 증례 보고라는 형식으로 거듭 검토하며 정기적으로 공표한다. 이처럼 공공성이 높은 시스템은 시민들에게 꼭 필요하다.

독자적으로 발전한 한의학

5~6세기경 중국에서 한반도를 거쳐 일본으로 의학이 전파되었다. 이후 한의학은 독자적인 발전을 거듭하며 각국에서 저마다 특색을 갖추었다. 참고로 한약은 천연에서 유래한 성분으로 만들기 때문에 부작용이 없어 안심하고 복용해도 된다고 생각하지만, 한약을 먹고 알레르기 반응이 일어나기도 한다.

한의학은 중국, 한국, 일본에서 저마다 독자적으로 발전했다.

뒤늦게 입증된 애니멀 테라피

경험을 바탕으로 응용되다가 과학적 근거가 나중에 밝혀진 치료법도 많다. 동물과의 교감으로 몸과 마음을 치료하는 애니멀 테라피가 치매 환자의 우울 증상을 완화한다는 사실이 밝혀진 사례가 대표적이다.

치매 환자에게 긍정적인 효과만 있지는 않다. 삶의 질(QOL) 및 사회적 기능의 개선 효과는 확인되지 않았다는 연구도 있다(Lai, et al., 2019).

지금의 한의학도 괜찮지만, 아쉬울 뿐!

예로부터 전해 내려오는 기술과 그 효과도 과학적 근거가 입증되면 신뢰도 높은 제품으로 대중들에게 널리 퍼지지 않을까 기대할 수 있다.

수상해 보여도 경험적으로 효과가 인정된 제품은 과학적으로 검증되면 과학의 발전에 이바지하게 된다.

column

생성형 인공지능은 유사과학을 판단할 수 있을까?

요즘 화제에 오른 최신 기술인 생성형 인공지능은 유사과학을 구별할 수 있을까? 결론을 말하자면 현재 생성형 인공지능은 읽어들인 인터넷의 정보를 바탕으로 '무난한 대답'을 출력하는 구조이므로 대상의 과학성·유사과학성을 판별하기에는 부적합하다. 트랜스포머라는 자연어 처리 모델을 통해 대화를 매우 유창한 수준으로 구현했으나, 존재하지 않는 문헌을 인용해서 대답할 때도 있어 정보의 정확성 면에서 주의가 필요하다.

현재 생성형 인공지능은 창의성과 독창성이 필요한 질문에는 약하다. 예를 들어 깊이 3m, 폭 3m, 높이 3m인 구멍에 들어 있는 흙의 부피를 구한다고 해보자. 언뜻 생각하면 $3 \times 3 \times 3 = 27m^3$라고 대답하기 쉽지만, 흙은 구멍을 파는 동안 모두 치웠으므로 정답은 0이다. 이는 사람의 직감적 사고를 측정할 때 종종 쓰이는 질문인데, 생성형 인공지능은 재치를 발휘하지 못했다(다만 정답을 개별적으로 학습할 수는 있으므로 똑같은 질문을 다시 하면 제대로 대응할지도 모른다).

생성형 인공지능이 유사과학을 구별할 만큼 발전한다면 소비자는 좋겠지만 지금은 아직 과신할 수 없는 수준이다.

교육 현장에 숨어든 유사과학

PISA형 문해를 추진하라

선생님이나 과학자의 말을 그대로 믿지 않고 PISA 문제처럼 비판적으로 생각하는 사고방식이 중요하다.

PISA에서 다음과 같이 과학 문해력을 측정하는 문제가 출제된 적 있다.

"농업용 비료를 생산하는 화학 공장 근처 지역에서 장기간에 걸쳐 호흡기 질환 환자가 나타났다. 지역 주민들은 화학 비료 공장에서 배출되는 유독 가스가 원인이라고 생각했다. 화학 공장이 주민들의 건강에 미치는 위험성을 논의하기 위해 집회가 열렸고, 과학자들 역시 이 집회에 참석했다.(⇒다음 페이지에 계속)"

교육 현장에서도 유사과학은 화제다. 특히 '물은 답을 알고 있다[※1]'나 '유용 미생물[※2]'처럼 도덕적으로 문제인 주장도 많다. 선악과 윤리 등 사람의 감정과 신념을 과학이 담보하는 것처럼 포장해서 설득력을 높였다는 점이 특징인데, 특히 초등학교 선생님은 자기 전문 분야가 아닌 과목까지 가르쳐야 하므로 비교적 유사과학에 빠지기 쉽다.

한편 학교 교육의 목적에는 과학 문해력(사람들이 익혀야 할 기초 과학 지식, 과학을 탐구하는 방법의 이해, 과학적 성과를 마주하는 자세) 육성도 포함된다. PISA(OECD 회원국 학생들의 학업 성취도 평가 제도)라는 국제 프로그램이 대표적이다. 3년에 한 번씩 만 15세의 학생들을 대상으로 독해력, 수학 문해력, 과학 문해력 등을 평가한다. 과학 문해력 영역에서는 기초 과학 상식뿐만 아니라 이 책에서 다루는 내용처럼 일상에서 접하는 과학 정보를 비교·활용하는 방법에 초점을

과학 문해 평가 PISA의 구체적 사례

"(⇒이어서) 화학 약품 회사에 고용된 과학자와 지역 주민들이 고용한 과학자의 진술은 아래 그림과 같았다."
질문 1: 건강 피해가 배기가스 때문이 아니라는 회사 측 과학자의 주장이 불충분한 이유를 설명하시오.
질문 2: 지역 주민 측 과학자의 비교가 적절하지 않은 이유를 설명하시오. (모범 답안은 이 페이지의 하단 참조)

화학 약품 회사에 고용된 과학자의 진술: 이 지역 토양의 독성을 조사한 결과, 샘플에서 유독한 화학 약품은 검출되지 않았다.

지역 주민들에게 고용된 과학자의 진술: 이 지역에서 장기간에 걸쳐 나타난 호흡기 질환 환자 수와 화학 약품 공장에서 떨어진 지역의 호흡기 질환 환자 수를 비교한 결과, 전자가 더 많았다.

맞춘 문제도 많다. 최근 평가에 따르면 한국은 OECD 국가 중 최상위권을 유지했다.

그러나 중학생과 성인을 비교한 연구에서는 '과학자의 말은 무조건 믿어야 한다', '과학 수업에서 선생님이 하시는 말씀은 옳다' 등의 질문에 그렇다고 대답한 비율이 중학생에게서 유의미하게 높게 나타났다. 이는 곧 과학자와 선생 같은 일종의 권위에 기대는 경향으로 볼 수 있다. '선생님이 하신 말씀'이라는 이유만으로 유사과학을 맹신하는 등 학생이 선생의 과학 문해에 영향을 받을지도 모르는 것이 현 실정이다.

[질문 1 모범 답안 예시] 과학자가 회사에서 돈을 받았을지도 모른다. / 흙 속이 아니라 대기 중의 화학 물질이 원인일지도 모른다. / 독성 물질은 변질·분해될지도 모른다. / 샘플이 그 지역의 토양 전체를 대표한다고 할 수 없다.
[질문 2 모범 답안 예시] 두 지역의 인구가 다를 수 있다. / 두 지역의 의료 서비스 수준이 다를 수 있다. / 두 지역의 노인 인구 비율이 다를 수 있다.

※1 좋은 말을 들려준 물과 나쁜 말을 들려준 물은 결정 구조가 다르다는 사진을 근거로, 우리 몸의 70%가 물인 만큼 좋은 말을 할수록 몸에 좋다는 에모토 마사루의 주장. 한때 청소년 권장 도서로 선정될 정도로 한국에서 인기가 있었다. - 역주
※2 자연에 존재하는 유익한 미생물을 조합·배양했다는 미생물 복합체로, 일본의 히가 데루오 교수가 창시한 개념이다. 악취 제거, 수질 정화, 금속과 식품의 산화 방지 등 다양한 효과가 있다며 한국에 도입되어 지방자치단체를 통해 보급되었으나 실체는 과학적 근거가 없는 유사과학이다. - 역주

도덕 교과서에 실린 '물은 답을 알고 있다'

물에 좋은 말을 들려주면 예쁜 결정이 만들어지고 나쁜 말을 들려주면 결정의 형태가 무너진다는 주장이 도덕 교육 과정에 선정되어 문제가 된 적이 있다. 에모토 마사루가 쓴 동명의 책의 내용이 '과학적으로 검증된 사실' 처럼 대중들에게 알려졌는데, 당연히 과학적 근거가 없는 유사과학이다.

참고로 얼음 결정이 육각형인 이유는 산소 원자와 수소 원자로 구성된 물 분자의 배열이 가장 안정된 형태를 이루는 구조가 육각형이기 때문이다.

『물은 답을 알고 있다』의 내용대로라면 이런 형태가 된다.

여전히 사람들이 믿고 있는 유용 미생물

유용 미생물을 폭넓게 활용할 수 있다고 주장하는 사람들이 있다. 한때 학교에서 물을 정화하기 위해 유용 미생물을 사 수영장에 넣거나 환경 보호 운동의 일환으로 자치단체에서 유용 미생물을 이용한 행사를 개최하기도 했다. 그러나 유용 미생물의 효과와 효능은 과학적으로 증명되지 않았을뿐더러 토양 개선을 제외한 효과는 유사과학이라고밖에 할 수 없는 수준이다.

행사 주최 측에서 수질 정화 효과가 없어도 환경 교육이 되므로 괜찮다고 주장한 적도 있다.

일본에는 유용 미생물이 들어 있는 진흙 경단을 강에 던지는 행사가 있다. 잘못된 과학 상식을 사람들에게 심은 대표적인 사례다.

교육 현장에서 실패를 꺼리는 마음가짐의 폐해

성인보다 청소년이 과학과 과학자의 말을 잘 따르는 배경은 다음과 같다. 초등학교에서 과학을 전공하지 않은 선생님이 수업을 진행하면, 과학 문해력을 키워주지 못한다는 이유로 실패할지도 모르는 실험을 두려워하고 간단하게 성공할 수 있는 실험만 교재로 고르고 싶어 하는 경향이 있다. 가설에 맞는 데이터를 얻지 못했을 때 야말로 과학의 본질에 다가갈 수 있음을 생각하면 안타까울 따름이다.

전공이 아닌 선생님이 실패를 두려워한 나머지 간단한 과학 수업만 하게 된다.

어쩌면 여러분의 학교에도 유사과학이…

교육 현장은 유사과학이 들어오기 쉬운 곳이고 학생들도 유사과학을 쉽게 믿는 편이다. 그러잖아도 할 일이 많은 선생님에게 의존하는 대신 스스로 판단할 수 있도록 과학 문해력을 길러야 한다.

학교는 유사과학이 들어오기 쉬우며 실제로 뿌리내린 사례도 많다.

어릴 때부터 유사과학을 판별하려면 과학 문해력 교육이 필요하다.

33 음이온의 진실

자연에 있으면 마음이 안정되는 원인이 음이온이라고?

지표면에 음이온이 많은 이유는 벼락이 내리쳐 음전하를 충전하기 때문이다.

우르릉 쾅쾅

음이온의 건강 효과와 대비해서 양이온을 나쁜 물질로 여기는 사람도 있는데, 합리적인 설명이 아닐뿐더러 원리도 불확실하다. 음이온에 다양한 효과가 있다고 주장하지만, 작용 기전은 뚜렷하게 밝혀지지 않았다.

우리 주변의 온갖 제품에 폭넓게 응용되는 음이온. 한때 에어컨과 공기청정기는 물론 온갖 가전제품이 출시될 때 음이온 발생 기능을 광고했던 기억이 아직도 생생하다. 음이온은 음전하를 띠는 대기 중의 미립자를 가리키는데, 기분을 전환하고 마음을 가라앉힐 뿐만 아니라 건강에도 도움이 된다고 하여 다양한 제품에 응용되었다.

그러나 음이온의 건강 효과에 대한 메타 분석 결과 다음과 같은 사실이 밝혀졌다. ① 음 이온은 몸에 거의 영향을 미치지 않으며 특히 천식 등 호흡기 질환의 치료 효과가 없었다

모래 먼지에도 많은 음이온

사람들은 숲속이나 폭포 근처에 있으면 마음이 안정되는 원인으로 음이온을 꼽곤 한다. 지면이 음전하로 대전되어 있으므로 대기 중에 부유물이 많으면 음전하 입자가 많을 수는 있다. 그러나 이 설명대로라면 폭포 근처뿐만 아니라 음이온이 많은 모래 먼지가 휘날리는 사막 역시 마음이 안정되고 건강에 좋은 환경이다(長島, 2009).

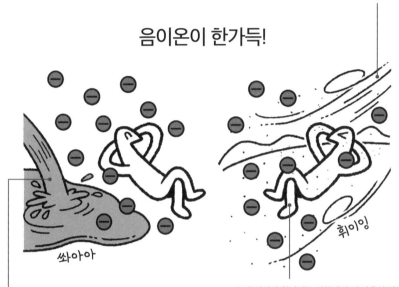

대기 중에 부유물이 많으면 음이온도 많으므로 음이온이 많은 사막 역시 마음이 안정되는 환경이다.

음이온이 한가득!

쏴아아

휘이잉

음이온이 많은 장소는 폭포 근처처럼 일반적으로 마음이 안정되는 이미지가 있다.

모래 먼지가 휘날리는 사막에서 더 마음이 안정되는 사람도 있겠지만, 이른바 '자연 신앙'이 주장에 섞여 있으므로 과학적이라고 할 수 없다.

(Alexander, et al., 2013). 그리고 항암 효과, 자연 치유력 향상 등의 주장을 뒷받침하는 데이터 역시 찾을 수 없었다. ② 건강한 사람에게 효과가 있다는 확실한 근거가 없었고 이온에 의한 정신적·심리적 효과 역시 기대할 수 없는 수준이었다. 그러나 계절성 우울증 환자에게 한정적으로 항우울 작용이 나타났다(Perez, et al., 2013).

음이온의 건강 효과는 이론과 데이터 모두 부정적인 결론에 이르렀지만, 이론상 먼지를 빨아들이고 정전기를 제거할 수 있다는 방전식 이온 발생기를 드라이기에 응용할 수 있을지도 모른다. 시중에는 전기석을 두드리면 전기가 나오는 성질에서 파생되어 전기석 가루를 넣은 음이온 팔찌도 있다. 물론 실제로 팔찌에서 음이온이 나오는 일은 없으므로 이 역시 유사과학이다.

음이온보다 더 비중이 큰 요인

앞에서 소개한 메타 분석에서도 전기장, 기류, 온습도 등 여러 환경 요인 때문에 조건을 완벽하게 통제할 수 없었다. 환경 요인이 달라지면 대기 중 이온 분포와 수는 물론 실험 결과에도 큰 영향을 미친다.

마음 편히 쉴 수 있는 환경인지 측정하려 해도 음이온보다 다른 요인의 영향이 압도적으로 크다.

환경 요인 때문에 음이온의 수가 달라지므로 정확하게 측정할 수 없다.

설령 효과가 있더라도 양이 너무 적지 않을까?

음이온의 효과에 제기되는 의문 중에는 농도 문제도 있다. 예를 들어 음이온의 농도가 1cm^{3}당 103~105개라면, 이는 일본에서 가장 큰 호수인 비와호(670.4km^2)에 소금 한 꼬집 넣은 정도에 비할 만큼 적다(小波, 2013).

극미량의 이온에 생리적인 효과가 있다고 가정하기보다 음이온 연구의 비판 대상인 '통제되지 않는 환경 요인(기류, 냄새, 온습도 등)'이 원인이라고 생각하는 편이 합리적이다.

음이온의 양이 너무 적어 호수에 소금 한 꼬집을 넣은 것만큼 무의미하다.

소금 베개에 남아 있는 물질은
음이온이 아니라 양이온 아닐까?

최근 시중에 출시된 '소금 베개'에서 음이온이 나온다고 한다. 그런데 이 소금 베개에서 음이온이 나온다는 증거가 없고, 설령 사실이라도 건강 효과가 있다는 근거가 빈약하므로 유사과학에 가까운 상품이다.

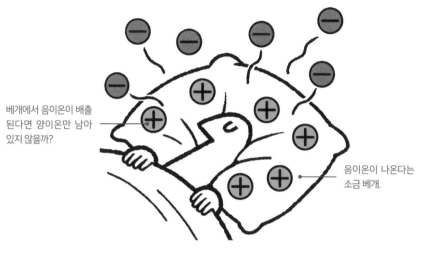

베개에서 음이온이 배출된다면 양이온만 남아 있지 않을까?

음이온이 나온다는 소금 베개.

주변 요인보다 영향이 작은 음이온의 효과

음이온의 효과를 주장하는 드라이기나 베개가 시중에 판매되고 있지만 정말로 효과가 있는지, 효과가 과장되지는 않았는지 항상 의심해야 한다.

음이온으로 머릿결에 미네랄을 보충한다는 광고도 있지만, '미네랄'의 정의가 보편적인 의미와 다르다.

34 은행잎 추출물의 모호한 효과

기억력이 좋아진다는 광고의 의미

은행잎 추출물 연구에서는 인지 기능 측정의 일반적인 평가 항목(SKT 스코어, ADL 스코어)을 측정하며 연구 건수도 확보되어 있으므로 평가하는 데 문제는 없다. 그러나 건강한 사람을 대상으로 한 메타 분석 중 기억력에 효과가 없었다는 연구도 있으므로(Laws, et al., 2012) 모든 사람에게 효과가 안정적으로 나타난다고는 할 수 없다.

기억력을 높이고 눈 건강을 개선한다는 은행잎 추출물. 알약이나 껌 형태로 판매되는 상품을 흔히 볼 수 있다. 은행잎에서 추출한 성분을 농축해서 만들며 구성 성분은 플라보노이드 배당체(22~27% 이상), 테르펜 락톤(5~7% 이상), 깅콜릭산(5ppm 이하) 등이다.

은행잎 추출물은 현재 기능성 표시 식품으로 등록되어 있으며 2023년 7월 기준 일본에서 판매 허가를 기다리는 상품(은행잎에서 추출한 테르펜 락톤, 플라보노이드 배당체)은 약 400개다. 이 상품들의 허가 신청서에는 대부분 기능성 관여 성분에 관한 연구 리뷰가 첨부되어 있는데,

결과가 정해진 승부가 될지도

기능성 표시 식품 신청 서류에는 조사 과정의 검색식(사용자를 위한 검색 처리 조건식 - 역주)이 포함되어 있어 누구든 상세한 정보를 확인할 수 있다. 한편 연구 리뷰는 검색식과 조건에 따라 어떤 연구를 조사할지 결정할 수 있으므로 결과에서 역산해서 '결과가 정해진 승부'를 만들 수도 있다. 은행잎 추출물 역시 검색 시 긍정적인 결과가 나온 일부 실험(Santos, et al., 2003; Burns, et al., 2006 등)을 참조하게 되어 있다.

결과에 맞춘 조사는 결승점의 위치를 미리 알아
내서 통과할 수 있게 하는 꼼수나 다름없다.

하나하나 살펴보면 측정 항목에 따라 효과가 있을 때도 있고 없을 때도 있다. 사람의 기억과 인지 기능이라는 말에는 매우 폭넓은 의미가 담겨 있어 단일 지표만으로는 대상을 제대로 측정할 수 없다. 단적으로 기억, 인지 기능이라는 표현을 쓰지만 사실 동작, 언어 능력, 언어의 청각적 이해 등 다양한 요소가 있다. 기억력을 높인다는 표현 자체가 애매하므로 소비자는 너무 기대하지 않는 편이 좋다.

　인류는 오래전부터 은행잎을 의료용으로 사용해왔는데, 근대 이전 중국에서 시작된 것으로 추정된다. 당시 중국 사람들은 은행을 '살아 있는 화석'으로 부르며 신비한 효과가 있으리라고 생각했던 모양이다. 은행잎은 1960년대 독일 약사의 소개로 서양 의학에 도입되었고, 이후 제약 회사가 은행잎 추출물 연구로 개발한 알약(EGb761)을 판매한 역사도 있다.

많이 섭취한다고 무조건 좋지는 않다

은행잎 추출물 연구는 대부분 하루 섭취량 240mg을 기준으로 삼지만, 연구마다 80~360mg까지 천차만별이므로 이론적인 근거가 뚜렷하지 않다. 데이터만 보면 많이 섭취할수록 효과가 크다는 직관적인 관계가 아님을 알 수 있다.

효과만 보이고 경고 문구는 보이지 않는다.

효과 자체가 애매할 뿐더러 양도 신경 써야 한다.

미국 사람들은 은행잎 추출물 효과에 부정적이라고?

2000년 기준 미국인이 은행잎 추출물 영양제에 소비한 비용은 한화로 약 25억 원이라고 한다. 그러나 미국 국립보완통합의학센터(NCCIH)는 대규모 무작위 대조군 연구(피험자 3,000명)를 진행했고, 그 결과를 바탕으로 은행잎 추출물 효과에 대한 부정적인 견해를 웹사이트로 공표했다.

미국 국립보완통합의학센터(NCCIH)는 생약, 영양 보조 식품, 침 치료, 명상, 마사지, 필라테스, 호흡법 등 보완대체요법을 연구하는 기관이다.

대규모 조사 결과니까 신뢰할 수 있어.

효과를 입증하는 데이터가 없는 은행잎 추출물

치매 외에도 뇌졸중, 뇌경색, 이명, 간헐 파행, 협심증 등 다양한 분야에서 은행잎 추출물을 보조 요법으로 이용할 수 있을지 연구(메타 분석)했지만, 긍정적인 결과는 없었다. 이명, 간헐 파행, 협심증에서는 효과가 거의 없었고, 조현병, 뇌졸중, 뇌경색에서는 부분적으로 개선 효과가 있다는 데이터를 얻었으나 부정적인 데이터도 많아 평가하기 어려운 상태다.

효과 유무
연구

은행잎 추출물에 효과가 있는지 폭넓은 분야에서 연구하고 있지만, 긍정적인 결과가 거의 없어 평가하기 어렵다.

귀가 솔깃한 문구를 보면 의심하라

은행잎 추출물의 기억력 향상 효과가 정확히 어떤 의미로 쓰였는지 명확하지 않다. 몸에 좋다는 문구 역시 '무엇에', '어떻게', '얼마나' 좋은지 확실히 짚고 넘어가야 한다.

거짓말이 아닙니다.

어떻게?

무엇에?

얼마나?

몸에 좋은
은행잎 추출물!

정말로 몸에 좋더라도 효과가 생각보다 약할 때도 많다.

35 GABA와 기능성 표시 식품

시중에 판매되는 GABA 제품의 효과

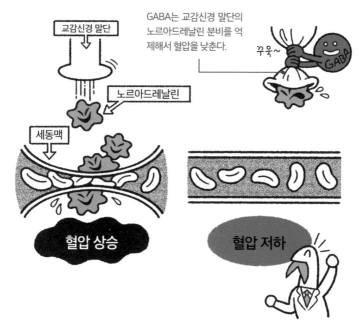

GABA의 혈압 억제 작용은 특정 보건용 식품으로 인가받을 때 필요한 무작위 대조군 연구(梶元 등, 2003)를 비롯하여 이후 재현 실험 및 메타 분석에서도 결과가 안정적으로 나왔다(吉川 등, 2020). 정상 혈압인 사람과 1단계 고혈압 환자를 대상으로 GABA를 하루에 약 20mg씩 12주 동안 섭취하게 하자 4~6주째부터 효과가 나타난 연구가 다수 있다.

과자 성분 표시에 종종 보이는 GABA. 아미노산의 일종인 GABA의 정식 명칭은 감마 아미노뷰티르산이다. 사람을 비롯한 포유동물의 뇌에 고농도로 존재하는 억제성 신경전달물질(두 신경세포 혹은 신경세포와 다른 세포의 접합부인 시냅스에서 정보를 전달하는 물질)이며 자연에는 토마토, 감자, 가지 등에 들어 있다.

GABA는 혈압을 낮추고 수면의 질을 높이며 스트레스와 피로감을 낮추는 한편 피부 개선 효과도 있는데, 그중에서도 혈압을 낮추는 효과를 인정받아 일본에서는 2004년부터 특정 보건용 식품으로 인가받은 음료수가 판매되고 있다. 이러한 효과를 표방하는 GABA 함유 기능

스트레스 해소 효과를 확인할 수 없다고?

GABA의 정신적 스트레스 및 피로감 해소에 대해 연구자들이 다양한 각도로 지표를 측정하고 있는데, 긍정적인 결과를 얻은 연구도 있고 부정적인 결과로 끝난 연구도 있다. 본질적인 의미를 따지면 정신적 스트레스는 획일적인 지표를 설정할 수 없는 대상이므로 안정적으로 효과를 나타내는 지표를 정하는 것은 앞으로의 과제다.

알파파를 비롯한 뇌파, VAS(시각 통증 척도)로 측정한 주관적 피로감, 크로모그라닌 A 농도, 부교감신경 활동 등 스트레스를 측정하는 지표는 각양각색이다.

음…

스트레스 해소 효과에 관해 좋은 결과는 나오지 않고…(스트레스).

성 표시 식품의 신청 수는 800건 이상(2023년 7월 일본 기준)으로 역대 최고 수준이다.

한편 섭취를 통해 장에서 흡수된 GABA가 혈액뇌관문을 통과해서 뇌 안으로 이동하기란 이론상 거의 불가능하므로 GABA가 효과를 발휘하는 상세한 원리는 불확실한 상태다. 이에 대해서는 현재 교감신경 말단의 노르아드레날린 분비를 억제하기 때문이거나 레닌이라는 효소가 단기적 또는 장기적으로 혈압을 낮추기 때문이라는 설이 유력하며 과학자들이 한창 이론을 세우고 검증하는 중이다.

그런데 기능성 표시 식품 신청서에 첨부된 개별 실험 데이터만 보면 GABA를 섭취했을 때 소수 샘플에서만 부분적으로 스트레스 및 피로 경감 효과가 나타났을 뿐이어서 효과를 입증하는 데이터가 안정적으로 필요하다. 그리고 수면의 질 개선 및 피부 개선 효과의 근거는 특정 실험 데이터 한두 건에 불과하므로 훨씬 한정적이다. 원리에 불확실한 부분이 많고 혈압 저하 작용에 관한 연구보다 이론과 데이터의 양과 질이 충분치 않다는 점도 부정할 수 없다.

수면의 질이 높아진 줄 알았는데 플라시보 효과였다고?

GABA와 수면의 질에 관한 논문 데이터 2건을 확인한 결과, 주관적인 수면의 질이 높아지고 피로감이 사라지는 대신 뇌파 수치는 일부 개선되는 데 그쳤다(外薗·福田, 2018; Yamatsu, et al., 2016). 샘플 수도 매우 적었기 때문에 체감될 만큼 효과가 있는지 확실치 않다.

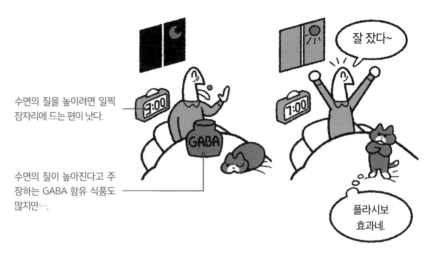

수면의 질을 높이려면 일찍 잠자리에 드는 편이 낫다.

수면의 질이 높아진다고 주장하는 GABA 함유 식품도 많지만….

더욱 의문인 피부 개선 효과

피부 개선 효과를 주장한 데이터(1건) 역시 소수 샘플에서 피부 탄력성이 개선된 경향이 나타났을 뿐이고 피부의 수분량과 주관적인 피부 상태 등에서는 부정적인 결과가 나왔다(外薗·上原, 2016).

GABA 섭취보다 생활 습관 개선이 효과적이다.

뇌 후유증에 효과적인 GABA

GABA는 머리를 다쳤을 때 후유증이 남지 않도록 뇌의 대사 작용을 빠르게 하는 의약품으로 쓰였다. 감마론이라는 알약 한 알에는 GABA 250mg이 들어 있고, 성인은 하루에 최대 3g까지 복용할 수 있다고 한다. 2001년 일본 후생노동성의 식품·의약품 기준이 개정되어 GABA를 일반 식품 성분으로 표기할 수 있게 되면서 지금은 건강식품에 응용되고 있다.

머리를 다쳤을 때 두뇌 회전을 빠르게 하는 효과가 입증되었다.

건강한 사람에게 어떤 영향을 미치는지는 밝혀지지 않았다.

베일에 싸인 GABA의 효과

스트레스 및 피로 해소, 수면의 질 개선, 피부 미백 등 다양한 효과가 있다고 광고하지만, GABA에 정말로 그런 효과가 있는지는 알 수 없다. 기능성 표시 식품 판매 허가 건수는 상위권이지만 광고의 책임 소재가 기업에 있음을 명심해야 한다.

혈압 상승의 억제 효과는 있다.

스트레스 및 피로 해소 효과가 있다고 단정할 수 없다.

수면의 질을 높이는지는 확실하지 않다.

피부 미백 효과는 거의 없다.

제 **6** 장

유사과학을 꿰뚫어 보는

사람의 관점

옥신 각신

사람의 인지와 사고의 특성을 이해하면 유사과학을 구별하고
과학 문해력을 키우는 데 도움이 된다. 이러한 관점이 부족해서
문제가 복잡해지는 일도 종종 있다. 한 번에 전부 해결하기는
어렵지만, 이번 장에서 소개할 '사람의 관점'을 익혀서
과학과 유사과학에 적용한다면 세상도 조금씩 바뀌지 않을까.

36 광고의 트릭에 속지 않기

사람마다 차이가 있지 않나요?

상품의 매력을 과장하는 과대광고

역대급 세일!

눈부신 효과!

효과에는 개인차가 있습니다.

예고 없이 변경될 수 있습니다.

개인의 감상입니다.

효과의 예외를 표시하는 경고 문구는 작은 글씨로 적혀 있는 경우가 많다.

유사과학적인 상술은 광고에서도 드러난다. 광고에 과학적인 내용이 들어 있다고 해도 과학의 기준에 못 미치는 유사과학 광고가 차지하는 비중은 점점 증가했고, 대부분 건강식품임이 연구로 밝혀졌다.

"건강 정보에 빠삭하지만 지금 내가 건강할까 불안한 당신에게 ○○(상품명)을!"처럼 상품에 과학적인 효과가 있다고 소비자를 오해하게 만드는 광고를 종종 볼 수 있다. 상품의 매력을 과장해서 전달하는 광고를 일반적으로 과대광고라고 하는데, 그중 특히 악질적인 광고는 표시·광고의 공정화에 관한 법률(표시광고법)로 처벌받는다. 일본에도 이와 비슷한 법률이 있는데, 부당경품류 및 부당표시방지법(일명 경품표시법)이 그것이다. 일반 소비자가 자주적·합리적 선택을 못 하게 속이는 광고는 경품표시법으로 금지되어 있는데, 이를테면 "수소수를 섭취하면 몸속의 악성 활성 산소를 배출하고 노화를 방지하며 암을 비롯한 여러 질병을 예방할

광고 속 경고 문구를 알아보자

일본 소비자청은 광고의 경고 문구를 널리 조사하고 이를 내용별로 분류했다. 이 중 체험담형은 제품의 실제 사용 빈도가 높았고, '다른 사람과 똑같은 효과를 얻었다'라고 대답한 소비자의 비율이 높았다. 그리고 건강식품에 흥미가 있는 사람은 인터넷에 올라와 있는 정보보다 신문 및 잡지의 광고, 가족 또는 친구의 후기를 더 믿는 경향이 있었다.

핸드폰 요금도 인터넷 요금도 초특가!

경고 문구에는 다양한 유형이 있다. 이 광고는 추가조건형이다. ⟶ 월 **15,000원**

싸다! 초롱초롱

(※ 위 요금제에 가입하려면 ●● 옵션을 신청해야 합니다.)

유형	내용	예시
예외형	예외가 있을 수 있음을 알리는 경고 문구 (추가조건형, 추가요금형 제외)	• ○○에 따라 해당 대상에서 제외될 수 있습니다.
체험담형	개인의 체험과 관련된 경고 문구	• 개인의 감상입니다. • 사람마다 효과가 다를 수 있습니다.
추가조건형	추가조건이 있음을 알리는 경고 문구	• ○○ 약정을 3년 동안 유지해야 합니다. • ○○을 함께 신청했을 때만 유효합니다.
비보장형	효과와 효능을 보장하지 않음을 알리는 경고 문구	• 사람마다 효과가 다를 수 있습니다. • 효과 및 효능을 보장하지 않습니다.
변경가능형	예고 없이 변경될 수 있음을 알리는 경고 문구	• 예고 없이 변경될 수 있습니다.
추가요금형	추가요금을 요구하는 경고 문구	• 초기 비용은 별도입니다.
조건부형	특정 조건에서만 이론상의 수치를 충족한다는 경고 문구	• ○○일 때의 수치입니다.

※ 일본 소비자청 조사 결과를 바탕으로 작성

수 있다"라고 광고한 기업은 조치 명령을 받는다.

한편 "사람마다 효과가 다를 수 있습니다"처럼 소비자의 구매욕을 불러일으키는 광고에 예외를 대비하기 위해 경고 문구도 종종 들어간다. 그러나 일본 소비자청의 조사 결과 소비자는 대부분 경고 문구를 몰랐거나, 알았더라도 과대광고에 대한 인상과 평가는 달라지지 않았다. 즉 경고 문구는 효과가 없었던 셈이다.

광고에 아무 의미 없이 실험복을 입은 모델을 등장시키거나 상품의 효과와 직접적인 연관성이 없는 그래프를 삽입하는 등 유사과학적 광고는 각양각색이다. 하지만 법적 규제로 문제를 해결하기까지는 갈 길이 멀기 때문에 소비자가 광고의 트릭에 휘둘리지 않는 안목을 길러야 한다.

보고 싶은 것만 보게 하는 함정

소비자가 경고 문구를 잘 보지 못하는 문제가 글자 크기나 레이아웃 때문이 아니라는 연구가 있다(森 등, 2019). 사람은 시야에 들어온 광경을 인식하는 게 아니라 보고 싶은 부분만 선택적으로 본다는 사실은 심리학·인지과학적으로 잘 알려져 있는데, 이러한 성향이 단적으로 나타난 사례라고 할 수 있다.

광고에서 강조된 문구를 한 번이라도 본 소비자의 눈에는 그 부분밖에 보이지 않는다.

경고 문구를 보려고 의식하면 얼마든지 볼 수 있지만, 작은 글씨로 쓰여 있어 잘 보이지 않을 때가 많다.

표시광고법에 의한 규제

표시광고법은 광고에 표시되는 특정 문구, 도표, 사진 등에서 일반 소비자가 받는 인상이 아니라 '상품에 표시하는 모든 내용'에서 일반 소비자가 받는 인상을 종합적으로 고려한다. 즉 소비자의 시선에서 행하는 법적 규제일 뿐, 특정 문구를 금지하는 법률은 아니므로 적극적으로 운용해야 한다.

소비자가 오해할 법한 과대광고 문구는 규제 대상이다.

문구 자체는 규제 대상이 아니며 어떻게 활용하느냐가 중요하다.

경고 문구의 주목도를 높이자!

다른 사람이 얻은 효과를 자기도 얻을 수 있다고 착각하게 만드는 '개인의 감상'. 과대광고는 다양한 문구로 사람들을 유혹하지만, 경고 문구는 거의 영향을 끼치지 못하는 실정이다. 소비자의 시선을 사로잡을 수 있어야 한다.

개인적 감상이라도 솔깃한 내용이면 그 문구만 눈에 들어온다.

눈에 잘 띄지 않는 경고 문구의 내용까지 꼼꼼히 본 뒤에 실제 효과가 어떨지 생각해야 한다.

column

체험담을 희석하는 선택적 주의

일반적인 경고 문구라면 소비자는 경고보다 광고 효과를 더 믿는다.

의미는 같지만 "사람마다 효과가 다를 수 있습니다" 대신 "고객님에게는 효과가 없을지도 모릅니다"라고 문구를 바꾸면 소비자도 의식하게 된다.

앞에서 언급한 일본 소비자청의 조사 중 특히 문제시된 유형은 체험담형 광고였다. 개인의 체험담을 소개하는 광고는 해당 상품의 구매 욕구를 강하게 자극하며, 소비자가 광고 속 인물과 자신을 동일시해서 희망을 키우고 현실감을 높임으로써 자신도 같은 효과와 효능을 얻을 수 있으리라고 생각하게 된다(土橋, 2021). 반대로 "사람마다 효과가 다를 수 있습니다"라는 경고 문구를 넣더라도 상품에 들어간 원래 문구가 아니라 소비자가 스스로 끌어낸 추론만 부정당할 뿐이다. 따라서 경고 문구는 광고로 처음 형성된 인상을 뒤집기에 부족할뿐더러 오히려 경고 문구를 보고 그전에 가지고 있던 믿음만 단단해질 가능성이 크다.

광고를 본 소비자가 추론을 더욱 강하게 부정할 수 있도록 '선택적 주의'를 유도하는 경고 문구의 효과는 실험으로 검증되었다(山本·後藤, 2021). 선택적 주의란 다양한 정보가 섞여 있는 조건에서 자기에게 중요한 정보만 선택해서 그 정보로 시선을 돌리는 인지 기능을 가리킨다. 가상의 건강식품 광고를 만든 다음 일반적인 경고 문구("사람마다 효과가 다를 수 있습니다")와 선택적 주의를 유도하는 경고 문구("고객님에게는 효과가 없을지도 모릅니다")의 효과를 비교했다. 광고의 주관적 평가가 낮은 쪽은 후자였고, 경고 문구를 인지한 비율도 후자가 통계적으로 유의미하게 높았다.

그저 광고를 보기만 해서는 효과를 기대할 때가 아니면 현실감을 느낄 수 없으므로 소비자가 광고를 중립적으로 인식하게 만드는 규제가 필요하다.

37 입소문의 피해자, 미원의 비극

자연을 선호하는 경향의 양면성

화학조미료 넣을게요!

감칠맛 조미료 넣을게요!

오늘날 미원은 천연 원료로 생산한다.

화학조미료라면 '화학'에 대한 부정적인 이미지 때문에 몸에 안 좋다고 느낀다.

감칠맛 조미료라면 위화감 없이 먹을 수 있다.

미원은 화학조미료의 상징으로 외면받았다. 그런데 '화학조미료'가 아니라 '감칠맛 조미료'로 바꿔 부르면 부정적으로 보는 사람은 대부분 사라질 것이다. 사실 이 화학조미료도 '아지노모도'라는 상표를 언급하지 않았던 일본 국영 방송 NHK가 고안한 용어로, 당시에는 섬유 같은 화학제품이 문명에 도입되기 시작하던 시기였기에 '화학'이 긍정적인 표현으로 쓰였다.

'과학'과 이분법으로 나뉘곤 하는 '자연'. 사람들은 보통 자연물을 선호하고 과학기술 같은 인공물을 꺼린다. 무첨가, 무농약 등 입으로 들어가는 식품에서 특히 그런 경향이 두드러진다.

　　그러나 자연을 선호하는 경향이 지나치면 잘못된 정보가 퍼지기도 한다. 몸에 악영향을 끼친다는 소문과 선입견이 지금까지도 남아 있는 화학조미료 미원이 대표적인 사례다. 이는 1960년대 아지노모도(일본에서 개발된 MSG 조미료로 미원의 원조 - 역주)의 성분인 글루탐산나트륨(MSG, L-글루탐산소듐)이 원인으로 지목된 속칭 '중국식당증후군'이라는 증상이 세계에서

선입견보다 위험성을 따져라

식품과 농작물뿐만 아니라 백신 접종, 전자파 등에 대해서도 자연적인 것이 좋다는 선입견에 빠진 사람이 있다. 예를 들어 홍역을 예방하려면 백신을 맞는 대신 자연적으로 병에 걸려 면역력을 키워야 한다는 주장이 있는데, 병에 걸렸을 때의 위험성을 충분히 고려하지 않았거나 반대로 백신 접종의 부작용을 지나치게 생각했을지도 모른다.

당연하지만 자연도 위험투성이야.

자연은 최고야!

자연에도 해충과 병원균의 위협이 많다.

유명한 학술지에 실리고 대중들에게도 퍼지면서 시작되었다. 그러나 이후 실험에서 글루탐산나트륨을 대량 섭취해도 중국식당증후군 증상은 재현되지 않았고(Geha, et al., 2000), 글루탐산나트륨이 원인이라는 설에 대한 여론도 지금은 부정적으로 기울었다. 애초에 중국 요리를 먹고 어지러움, 메스꺼움, 두통, 흉통 등을 호소했다는 중국식당증후군 자체가 그 뒤로 한 번도 보고된 적이 없고, 글루탐산나트륨은 여전히 화학조미료로 쓰이고 있다.

부정적인 소문이 순식간에 퍼진 이유는 ① 공해·자연환경 문제로 인한 과학 불신, ② 부정적인 정보를 더 많이 보도하는 미디어의 성질, ③ 자연은 무조건 좋다는 직관적·편향적인 이미지 때문이다. 이러한 정보를 접할 때는 과학과 자연이 대립 관계라는 전제에서 벗어나야 한다.

정말로 자연은 좋고 인공은 나쁠까?

과거 집필진의 실험에서도 인공보다 자연이 좋다고 무의식적으로 생각하는 사람에게서 '휴대전화의 전자파가 몸에 악영향을 미친다'라며 주관적으로 위험성을 높게 판단하는 경향이 크게 나타났다. 자연을 선호하는 경향이 과학기술을 꺼리는 태도로 이어졌을지도 모른다.

공장 약 제품

싫어 싫어!

인공적인 것을 싫어하는 사람은 인공물의 '이미지'를 싫어할 뿐일지도 모른다.

생활에 없어서는 안 될 제품들은 과학 지식으로 개발된 인공물이다.

'자연' 역시 과학의 산물

사람들이 자연이라고 생각하는 농업 역시 원래는 독성이 강한 식물을 오랫동안 품종 개량해서 인간이 먹을 수 있도록 개발해온 결과다. 포도를 먹을 때 느끼는 쓴맛의 원인인 독성 성분 '타닌'이 대표적인 사례다.

과학

과학

자연이 최고야!

…

농작물 역시 과학 지식을 활용한 품종 개량으로 독성을 없애고 맛을 좋게 만든 결과다.

자연을 선호하는 사람이 고마워하는 '자연'도 사실은 과학의 은혜를 누리고 있다.

과학

화학조미료라는 말의 인상 때문에 생긴 비극

화학조미료도 자연에서 유래한 성분이다. 한편 앞에서도 언급했듯, '자연'에 속한 농업도 식물을 오랫동안 개량해서 인간이 먹을 수 있게 개발한 결과다. 결국 인공물을 꺼리는 이유는 오로지 편견 때문이다.

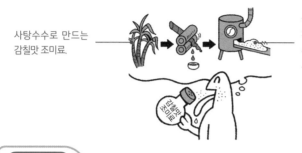

사탕수수로 만드는 감칠맛 조미료.

한때 화학조미료로 불렸던 감칠맛 조미료는 천연물에서 추출한 성분이며 인공 조미료가 아니다.

column
사람의 개입이 필요한 농업

과학기술을 활용하면 유기농으로 키우면서도 맛있는 채소를 수확할 수 있다.

농약을 쓰지 않고 자연 그대로 두면 벌레를 쫓아내기 위한 방어 기제로 식물이 독을 만들 우려가 있다.

꾸욱꾸욱

농업은 자연에 가까운 분야다. 농약을 무조건 나쁘게 취급하며 유기농처럼 농약을 사용하지 않는 방법이 소비자들의 지지를 얻는 모습만 봐도 알 수 있다. 하지만 유기농도 사실은 사람의 손길이 필요하며 과학기술을 활용한다.

유기농으로 키우면 식물의 방어 기제로 작물의 저항력이 세질, 즉 독성이 강해질 우려가 있다. 예를 들어 무가 벌레를 쫓아내기 위해 분비하는 알릴아이소사이오사이아네이트(AITC)는 인간에게 해로운데, 대량 섭취 시 드물게 간 기능 및 신장 기능 장애를 일으킨다. 따라서 농작물을 안전하게 먹으려면 농약으로 해충을 박멸해서 알릴아이소사이오사이아네이트의 분비를 억제해야 한다. 이러한 관점으로 보면 인간의 개입 없이 완전히 자연에 맡기는 방식이 꼭 건강에 좋다고는 할 수 없다.

그리고 농약이 발전하면서 인체에 악영향을 끼칠 만큼 독한 농약은 쓰이지 않게 되었다. 과학기술의 개발로 익충은 죽이지 않으면서 해충만 선택적으로 박멸하는 농약도 탄생했고, 엄격한 안전성 기준도 세워졌다. 애초에 농업 자체가 인간의 편의에 맞게 자연을 뜯어고쳐 '식량 공장'을 운영하는 활동이므로 자연을 과도하게 요구하는 태도는 바람직하지 않다.

유전자 조작의 선입견에 주의하라

이미지에 사로잡히면 안 돼!

유전자 조작

유전체 편집

유전자 조작과 유전체 편집은 서로 다른 기술이다. 그러나 선입견 때문에 일방적으로 거부감이 생겨 둘 다 안 좋게 보는 사람도 많다.

도리 도리

선입견 때문에 거부해버리면 과학적인 토론은커녕 대상을 올바르게 이해할 수조차 없다.

유전자 조작과 유전체 편집은 비슷하지만 다른 기술이다. 그러나 유전자 조작에 대한 부정적인 선입견 때문에 둘 다 나쁘게 생각하는 사람도 있다. 선입견은 단순한 거부감이 아니라 올바르게 이해하지 못하도록 방해하는 요소다.

비단 유사과학뿐만 아니라 선입견 때문에 대상을 바라보는 시선이 바뀌는 일은 종종 있다. 이를테면 유전자 조작 기술을 부정적으로 여기던 사람은 비슷한 기술인 유전체 편집 기술도 똑같이 부정적으로 생각한다는 결과가 실험으로 밝혀졌다(山本·石川, 2019). 사실 유전체 편집은 위험성이 매우 낮은 기술이고, 일반 식물과 달리 유전자 조작 식물이 몸에 안 좋고 생태계에 악영향을 끼친다는 유력한 과학적 근거도 없다. 그러나 유전자 조작 기술과 유전체 편집은 위험 인식 편향을 유발한다는 특징 때문에 사람들의 불안과 반발심을 일으킬 우려가 있다.

유전자 조작과 유전체 편집의 차이

유전자 조작은 한 생물의 유전자 중 필요한 부분을 잘라내 다른 생물에 집어넣음으로써 새로운 성질을 부여하는 기술이다. 한편 유전체 편집은 유전체를 자르는 '가위'로 유전체의 특정 부분을 제거하거나 유전자 배열을 일부 치환하거나 지정한 유전자를 절단·편집하는 기술이다.

유전자 조작 식물이 인체에 미치는 영향은 여러 방면에서 연구되었다. 2016년 미국 과학한림원(NAS)은 지난 20년 동안 보고된 약 900건의 연구를 망라하여 분석했고, "장기간의 영향을 포함해도 인체에 해를 끼친다는 증거는 없었다"라는 결론을 내렸다(National Academies of Sciences, 2016).

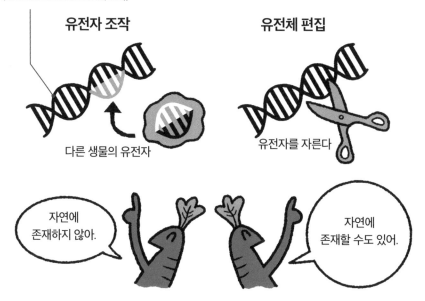

집필진의 실험에 따르면, 유전자 조작을 부정적으로 생각하는 사람에게 유전체 편집을 유전자 조작 기술과 똑같은 기술이나 다름없다고 설명하자 피험자는 유전체 편집을 그 이상 이해하려 하지 않았다. 그러나 둘을 서로 다른 기술이라고 설명하자 피험자는 유전체 편집 기술에 대한 설명을 빠르게 받아들였다. 따라서 원래 품고 있는 부정적인 인상을 해소하는 것이 중요하다고 할 수 있다. 위험 인식 편향은 같은 대상이라도 표현에 따라 받아들이는 쪽의 인식이 달라지는 프레이밍 효과가 유명하다.

무언가를 설명하면서 다른 대상에 빗댈 때가 많은데, 원래 가지고 있던 인상에 따라 설명이 잘 이해되기도 하고 그렇지 않기도 하므로 새로운 과학기술이 사회적으로 받아들여지려면 이러한 관점도 필요할지 모른다.

머릿속에 오래 남는 나쁜 인상

한번 생긴 부정적인 인상을 뒤집기는 정말 어렵다. 일례로 가상의 인물을 묘사한 문장으로 첫인상을 형성시킨 다음 반대되는 정보를 제공했을 때 그 인물에 대한 피험자의 인상이 어떻게 바뀌는지 검증한 연구(苗川, 1989)가 있다. 실험 결과 좋은 인상보다 나쁜 인상이 더 오래 남고 인상을 바꾸기도 어려웠다. 이러한 경향은 누구에게나 있으므로 과학 커뮤니케이션 및 과학 문해 교육에서도 짚고 넘어갈 필요가 있다.

나쁜 모습만 인상에 남았던 사람이 선행을 베풀었다는 뉴스를 접하면 호감도가 오르기 쉽다. 이는 원래 그 사람을 그렇게까지 싫어하지 않았기 때문이다.

한번 나쁜 이미지가 붙으면 좀처럼 떨쳐내기 힘들다.

이익에 대한 기대보다 큰 손실에 대한 불안감

유전자 조작에 관한 인식에는 손실 회피 편향도 관련되어 있다. 손실 회피 편향이란 의사 결정 시 이익과 손실이 대칭적인 관계가 아니며 이익이 주는 만족감보다 손실에 의한 충격과 불만을 더 크게 느끼는 편향을 가리킨다. 예를 들어 제비뽑기에서 비싼 상품에 당첨되었는데 어디에 두었는지 잊어버렸을 때의 상실감은 크다. 단순히 뽑기에 당첨되지 않았을 때의 감정과 같다고 단정 지을 수 없는 것이다.

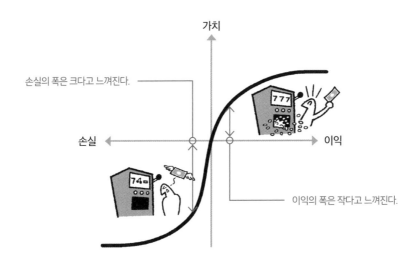

손실의 폭은 크다고 느껴진다.

이익의 폭은 작다고 느껴진다.

같은 문장, 다른 인상

'식품 오염'이라는 말을 듣고 사람들은 어떤 이미지를 떠올릴까? 각자 지식과 경험(선입견)이 다르므로 소비자와 전문가가 각각 떠올리는 이미지는 매우 다르다. 암묵적인 전제의 차이가 큰 차이로 이어진다.

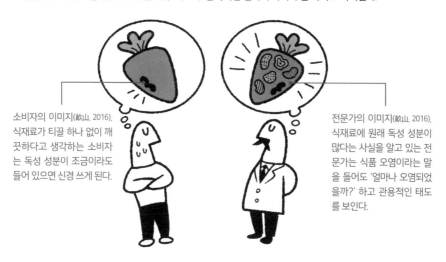

소비자의 이미지(畝山, 2016). 식재료가 티끌 하나 없이 깨끗하다고 생각하는 소비자는 독성 성분이 조금이라도 들어 있으면 신경 쓰게 된다.

전문가의 이미지(畝山, 2016). 식재료에 원래 독성 성분이 많다는 사실을 알고 있는 전문가는 식품 오염이라는 말을 들어도 '얼마나 오염되었을까?' 하고 관용적인 태도를 보인다.

저마다 생각하는 이미지의 차이를 공유하자

올바른 지식을 얻으려면 선입견에 사로잡히지 않아야 한다. 대상에 대한 이미지는 사람마다 다르므로 그 차이를 좁히는 단계부터 시작하자.

해적이라는 단순한 단어에서도 '수염이 덥수룩한 영화 속 인물'과 '소년만화 주인공'으로 나뉠 정도로 사람마다 가지고 있는 인상은 각양각색이다.

39 과학 커뮤니케이션의 어려움

문자로 하는 소통에는 한계가 있지 않을까?

합의점을 찾아 문제를 해결하려면 정신적으로 피로하지 않은 소통 방식이 필요하다.

인터넷상의 토론은 절충안을 무시하고 감정적으로 격해지기 쉽다.

인터넷상의 토론은 문자, 익명성 등의 요인 때문에 소통에 오류가 생기기 쉽다. 이 때문에 보기 싫은 말을 가리기 위해 필터를 걸고 마음에 들지 않는 사람은 바로 차단하는 방향으로 흘러가기 쉬운데, 개인의 정신 위생 관점에서는 이해할 수 있는 경향이다.

과학 커뮤니케이션의 중요성이 대두된 지는 오래되었지만, 인터넷에서 문자를 통해 소통하기란 마냥 쉽지만은 않다. 인터넷에서 다른 사람들과 건설적으로 토론하며 서로 이해하고 합의에 이르기는 정말 어려울뿐더러 무의미한 토론으로 끝나는 경우도 드물지 않다. 그러한 상황에 부닥치는 원인을 소개하고자 한다.

인터넷상으로 소통하다 보면 익명 때문에 공격적 언동이 많이 나타나게 된다. 그럼에도 책임 소재가 불분명한 탓에 토론이 극단적으로 끝나게 되는데, 이를 '집단극화'라고 한다.

허수아비 때리기 오류, 무지에 호소하는 오류, 고정관념 등 인터넷에서 벌어지는 토론에는

논리적 오류의 종류

논리적 오류란 즉 잘못되거나 부족한 논리다. 삼단 논법의 오류처럼 형식적인 오류도 있고 지나친 단순화의 오류나 인신공격의 오류처럼 비형식적인 오류도 있다. 인류 역사에 나타난 수많은 논리적 오류는 다음과 같이 기능별로 분류할 수 있다(塩谷, 2012).

명칭	논리적 오류	구체적인 예시
타입 1 (명제 논리의 오류)	• 순환 논법 • 거짓 딜레마 • 삼단 논법의 오류 • 예외 무시 • 무지에 호소하는 오류	"같은 편이 될지 적이 될지 정해라."(거짓 딜레마)
타입 2 (귀납적 오류)	• 성급한 일반화 • 표본의 편향 • 아전인수의 오류 • 고정관념	"남성(여성)은 ○○다."(고정관념) "A라는 주장은 틀렸다. 왜냐하면 내 주변에는 A라고 생각하는 사람이 없기 때문이다."(표본의 편향)
타입 3 (인과관계의 오류)	• 역인과관계의 오류 • 지나친 단순화의 오류	"공부를 게을리하면 비행 청소년이 된다." (지나친 단순화의 오류)
타입 4 (용어 선택의 오류)	• 유도적 언어 • 비유의 오류 • 애매성의 오류 • 모호성의 오류	"평판이 좋은 사람에게 들은 이야기인데(하략)"(유도적 언어) "원자력을 지지하는 사람은 살인자나 다름없다."(비유의 오류)
타입 5 (논점을 흐리는 오류)	• 권위에 호소하는 오류 • 군중에 호소하는 오류 • 인신공격의 오류 • 피장파장의 오류 • 허수아비 때리기 오류	(그렇게 말한 적이 없는데도)"○○라고 하셨는데, 그 주장은 틀렸습니다."(허수아비 때리기 오류)

※ 塩谷(2012)를 바탕으로 작성

오류가 수없이 존재하며 토론을 방해하는 요인으로 작용한다. 특히 토론을 지켜보는 주변 사람들에게 선입견을 불어넣는 용어 선택의 오류는 로그가 남는 인터넷 환경에서 상징적이다. 애초에 요즘은 토론으로 진실을 밝히려는 사람이 적은 데다 자신의 주장을 밀어붙이는 싸움판으로 변질되기 일쑤인 시대가 되었다.

어쩌면 토론을 주도하는 사회자의 존재가 이러한 상황을 효과적으로 해결할 수 있을지도 모른다. 사회자가 있을 때와 없을 때를 비교한 실험에서도 토론자의 공격적인 언동이 줄었고 집단극화도 억제된 쪽은 전자였다(山本·佐藤, 2022). ChatGPT 같은 AI에게 중재를 맡기는 방안도 고려해봄직하다.

예술 분야에서 활용하는 논리적 오류

논리적 오류가 무조건 나쁘다고는 할 수 없다. 원만한 소통을 위해 논리적 오류를 활용할 때도 있기 때문이다. 예를 들어 예술가들은 일부러 작품에 논리적 오류를 넣어 강하게 표현함으로써 관객의 감정에 호소한다.

내가 웃는 게
웃는 게 아니야~

논리적 오류는 예술적 표현에 효과적으로 활용할 수 있다.

토론에 없어서는 안 될 사회자

집필진의 실험에서는 토론을 원활하게 진행한 사회자 덕에 참여자들이 활발하게 소통할 수 있었다. 특히 논쟁의 여지가 있는 주제라면 능숙한 진행자가 있느냐 없느냐에 따라 토론이 활발해질 수도 그렇지 않을 수도 있다.

투우에는 흥분한 소를 다루는 투우사가 있듯이 토론을 진행하는 사회자가 있으면 소통이 원활해진다.

옥신

각신

과학 토론은 어울리는 자리에서

사이언스 카페는 과학적 소통을 활성화하는 방안으로 잘 알려져 있다. 원래 펍에서 출발한 사이언스 카페는 한 손에 맥주나 음료수를 들고 지위와 관계없이 자유롭게 의견을 나누는 자리로 발전했다. 자유로운 분위기 속에서 토론하는 공간이 전 세계에 뿌리내린다면 밝은 앞날을 기대해볼 만하지 않을까?

전문 분야에 대해서도 편하게 토론할 수 있는 자리가 필요하다.

고집을 버리고 올바르게 토론하기 위한 마음가짐

어떤 토론이든 지나치게 과열되면 상대방을 굴복시키려는 목적으로 변질되고 만다. 특히 과학 토론에는 인격과 토론을 분리할 줄 아는 냉정함이 필요하다. 그러나 모두가 화목하게 지내기를 바라는 마음은 너무 이상적일지도 모르겠다.

토론의 목적을 잊지 말자.

유사과학에 빠지지 않으려면?

좋은 사고방식을 터득하자

다음 중 최근 10년간 가장 부상자가 많은 사고의 원인은 무엇일까?
A. 학교 또는 공원의 놀이기구　　B. 전기톱　　C. 화장실

공원의 놀이기구는 아이들이 타고 놀다가 다치는 일이 많은 이미지다.

전기톱은 쓰다가 다칠 것 같아 위험해 보인다.

화장실에서는 심각하게 다칠 일이 없을 듯하다.

학교에서는 객관적·중립적 사고를 권장하지만, 그렇게 단순한 문제가 아니다. 책에서도 여러 번 소개했다시피 인지 편향으로 사고가 한쪽으로 치우치면 그 영향이 매우 크기 때문이다. 예를 들어 위와 같은 질문을 받으면 대부분 'A. 학교 또는 공원의 놀이기구'를 고르지만, 정답은 A가 아니다.

지금까지 유사과학에 속지 않기 위해 갖춰야 할 사고방식(예: 비판적 사고)의 중요성을 설명했는데, 핵심은 '문득 든 생각인데 곱씹어볼수록 좋은 것 같다'에서 그치는 게 아닌, 확실한 사고방식이다.

　몇몇 주요 포인트를 짚어보자. 과학적·사회적 토론을 하다 보면 종종 어떤 위험성이나 효과에 신경 쓴 나머지 훨씬 큰 위험성이나 효과를 눈치채지 못할 때가 있다. 이럴 때는 조금 떨어져서 전체를 내다보면 좋다. 이를 '비교 사고'라고 한다.

인상만으로 단정하지 말자

정답을 해설할 차례다. 앞 질문은 '부상'이라는 말의 범위를 정하지 않았다. 각 시설 또는 도구를 사람들이 얼마나 사용하는지, 그리고 부상의 범위가 어디까지인지 생각해보면 빈도와 범위가 큰 'C. 화장실'이 정답이다. 놀이기구를 고른 사람들이 많은 이유는 인상적인 대상을 고르게 되는 편향인 이용 가능성 휴리스틱 때문이다. 학교에서 놀이기구를 타고 놀다가 다친 학생들의 뉴스를 자주 접하다 보니 머릿속에 남아 골랐다고 볼 수 있다.

학교에서 놀이기구를 타는 사람은 어른이 아니라 거의 아이들이다.

화장실은 모든 사람이 사용하므로 낮은 확률로도 다치는 사람이 많다.

전기톱은 사용하는 사람이 한정되어 있고 안전도 확보되어 있다.

양적 관점 역시 중요하다. 가령 건강에 좋다는 주장이 진짜라도 적정량을 섭취했을 때의 효과일 뿐이다. 물조차 지나치게 많이 마시면 몸에 악영향을 끼친다. 많이 먹을수록 효과가 크다는 단순한 관계가 아님에 유의해야 한다.

인과관계를 과도하게 추론하지 않는 태도도 중요하다. 어떤 문제가 생겼을 때 보통은 원인을 찾으려 하는데, 허위 상관관계(11항 참조)를 진짜 인과관계라고 생각하거나 비교 사고에 가로막히기도 한다. 책에서 해설한 대로 명확한 인과관계를 추정하려면 엄밀한 실험을 거쳐야 한다. 과학 지식을 입맛대로 사용하려고 원인을 찾으려는 생각을 제어하면 좋지 않을까.

위와 같은 포인트에 주의하면서 데이터를 적절하게 해석하는 기술이야말로 사회 전반에 필요한 능력이다.

우리 주변의 유사과학을 구별하기 위해서도 요령을 터득하고 실천하면 결과적으로 과학 문해력의 향상으로 이어질 것이다.

잊기 쉬운 '양적 관점'

과도한 수분 섭취는 혈액량 증가와 혈압 상승 등 인체에 악영향을 끼친다. 한편 수분 부족은 탈수 증상과 열사병을 일으킬 수 있다. 평소 당연하게 마시는 물이라도 양을 파악하고 있어야 한다.

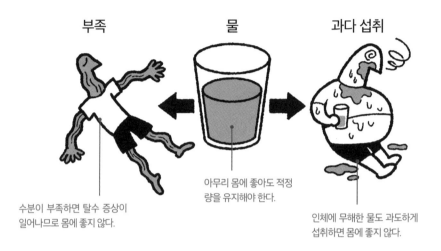

부족　　　　　　　물　　　　　　　과다 섭취

아무리 몸에 좋아도 적정량을 유지해야 한다.

수분이 부족하면 탈수 증상이 일어나므로 몸에 좋지 않다.

인체에 무해한 물도 과도하게 섭취하면 몸에 좋지 않다.

또 다른 중요 포인트, 비교 사고

특정 성분의 독성과 위험성에 지나치게 주목했다가 근시안적 사고에 사로잡히면 본말이 전도되고 만다. 비소의 위험성을 신경 써서 쌀의 비소 함유량을 줄이기 위해 물을 관리했더니 오히려 쌀의 카드뮴 함유량이 늘었다는 연구 보고도 있었다.

비소라는 특정 위험 요소에만 집중한 나머지 카드뮴이라는 또 다른 요소를 눈치채지 못했다.

시야를 넓혀야 하는데……

비소

비소

column

유사과학과 음모론

음모론

과학 지식

음모론적 성향이 강하고 과학 지식이 부족하면 5G 확산설 같은 음모론에 끌리게 된다.

- 정부는 무고한 시민과 유명인의 살해에 관여했고 이를 은폐했다.
- 실질적으로 세계를 지배하는 미지의 소규모 집단이 있고, 이들의 권력은 국가 원수의 권력보다 높다.
- 비밀 조직이 지구 외 생명체와 접촉하고 있지만, 이 사실은 대중에게 알려지지 않았다.
- 특정 병원체 및 질병의 감염 확산 사태는 어떤 조직이 신중하고 비밀스럽게 활동한 결과다.
- 과학자 집단이 대중을 속이기 위해 증거를 조작, 날조, 은폐하고 있다.
- 정부는 자국을 향한 테러 행위를 용인 또는 관여했으며 이 사실을 위장했다.
- 전쟁 개시라는 세계적으로 중요한 의사 결정을 내릴 권한을 가진 소규모 비밀 집단이 존재한다.
- 외계인과 접촉했다는 증거는 대중이 알지 못하게 은폐되었다.
- 정신을 조종하는 기술이 존재하며 아무도 모르게 쓰이고 있다.
- 현재 산업의 발전 속도와 맞지 않는 첨단 기술은 규제되고 있다.
- 정부는 범죄 행위에 관여했다는 사실을 숨기기 위해 국민을 이용하고 있다.
- 세상의 중대사는 비밀리에 세계를 조종하는 집단이 활동한 결과다.
- UFO 목격담이나 소문은 외계인과의 실제 접촉으로부터 주의를 돌리기 위해 지어낸 허위 정보다.
- 지금도 대중의 동의를 얻지 않은 채 새로운 약과 기술을 개발하기 위한 실험이 이루어지고 있다.
- 사리사욕을 위해 중요한 정보를 대중으로부터 은폐하는 사람들이 있다.

위 질문들 중 몇 개에 동의하는지 세어보자. 이 설문은 대답 성향에 따라 응답자가 얼마나 음모론에 빠져 있는지 측정하는 '음모론 신념 척도'라는 검사의 일부다. 음모론 신념이란 근거와 상관없이 소수의 강력한 조직 또는 집단이 세상에서 일어나는 온갖 사건을 조종한다고 믿는 성향이다.

우리의 연구에 따르면, 기초 과학 지식과 음모론 신념은 5G 전파가 신종 코로나바이러스 감염증을 확산시킨다는 소문에 영향을 주었다. 과학 지식이 부족하고 음모론 신념이 강할수록 5G 확산설을 믿는 모습을 보인다고 해석할 수 있었다(山本·後藤, 2021).

많은 현상을 합리적으로 설명할 수 있다는 특징 때문에 음모론을 믿는 사람은 세상의 이치를 깨달은 듯한 기분이 든다. 반대로 모든 사건의 근거를 찾으려 들거나 의심하면 인지 자원을 상당히 소모하게 되므로, 위와 같은 소문에 휘둘리지 않으려면 기초 과학 지식을 익히는 편이 빠를지도 모른다.

나오며

여기까지 함께해주신 여러분, 감사합니다. 이 책을 읽고 과학과 유사과학을 조금이라도 이해하게 되었다면 기쁘겠습니다.

과학은 우리의 생활을 풍족하게 해주지만, '과학적'이라는 신뢰를 얻으려면 넘어야 할 난관이 있습니다. 그리고 의도적으로든 아니든 그 난관에 도달하지 못한 채 사회적으로 응용되는 대상은 비판받기 마련입니다. 어떻게 보면 과학의 자정 작용이라고도 할 수 있겠네요. 유사과학이라는 개념이 일반적인 용어로 성립된 이유는 과학이 현대사회에 이바지하기도 했지만 이에 동반된 유사과학 문제도 혼재하기 때문일지도 모릅니다.

그런 상황 속에 우리는 과학의 성과를 누리면서도 유사과학을 구별하는 '양면적 기술', 쉽게 말해 좋은 것은 좋고 나쁜 것은 나쁘다고 구분하는 기술이 필요합니다. 이는 과학을 필두로 한 학술 연구 분야뿐만 아니라 다양한 분야에서도 필요합니다. 이 책이 과학과 유사과학을 확실히 구분하는 기술을 익히는 데 도움이 되길 바랍니다.

머리말에도 소개했습니다만 책 내용 일부는 저희가 운영하는 웹사이트 유사과학닷컴(Gijika.com)에도 게재했습니다. 유사과학, 과학 문해로 검색하면 어느 정도 상위에 노출되는 사이트입니다. 책에 실린 사례들에 흥미가 있거나 과학 문해력을 익히고 싶은 분들은 한번 들어와주세요.

유사과학닷컴 (https://gijika.com/)

Gijikaチャンネル (YouTube)

마지막으로 원고 집필이 늦어지는데도 끝까지 참을성 있게 기다려주시고 열심히 힘써주신 편집부의 오치 가즈마사 님, 매력적인 그림을 그려주신 시리모토 님께 진심으로 감사합니다. 그리고 이 책의 바탕이 된 유사과학닷컴에 협력해주신 관계자분들께도 고마움을 전합니다.

저자 일동

참고문헌

【제 1 장】 과학이란 무엇일까?

- 伊勢田哲治 (2019): 境界設定問題はどのように概念化されるべきか，科学・技術研究，8(1)，pp.5-12.
- 松田誠 (2002): 脚気論争〜日本最初の医学論争，日本内科学会雑誌，91(1)，pp.125-128.

【제 2 장】 유사과학의 이론을 파헤치다

- Luckey, T.D. (1982): Physiological benefits from low levels of ionizing radiation, Health Physics, 43, pp.771-789.
- 服部伸 (1997): ドイツ素人医師団〜人に優しい西洋民間療法（ホメオパティー), 講談社
- Silvani, et al. (2022): The influence of blue light on sleep, performance and wellbeing in young adults: A systematic review, Front Physiol, 13:943108.
- 須谷修治 (2008): 青色防犯灯の導入背景と全国実態調査報告，照明学会誌，92(9)，pp.631-636.
- Henry & Beecher (1955): The powerful placebo, J Am Med Assoc, 159(17), pp.1602-1606.

【제 3 장】 유사과학의 데이터를 파헤치다

- Mendel, et al. (2011): Confirmation bias: why psychiatrists stick to wrong preliminary diagnoses, Psychological Medicine, 41, pp.2651-2659.
- 山本輝太郎 (2019): メタ分析研究における横断的レビューの必要性〜電磁波による健康リスク関連研究を事例として，情報コミュニケーション研究論集，16，pp.39-58.
- 山本輝太郎 (2018): 遺伝子組換え作物議論における問題要因分析〜二重過程理論の導入による改善の提案，情報コミュニケーション学会学会誌，14(1)，pp.4-17.
- Taylor, et al. (2014): Vaccines are not associated with autism: An evidence-based meta-analysis of case-control and cohort studies, Vaccine, 32, pp.3623-3629.
- Carlberg & Hardell (2017): Evaluation of Mobile Phone and Cordless Phone Use and Glioma Risk Using the Bradford Hill Viewpoints from 1965 on Association or Causation., Biomed Res Int.
- Klaps, et al. (2015): Mobile phone base stations and well-being-A meta-analysis, Sci Total Environ, 544, pp.24-30.
- Liu, et al. (2014): Association between mobile phone use and semen quality: a systemic review and meta-analysis, Andrology, 2(4), pp.491-501.
- Repacholi, et al. (2012): Systematic review of wireless phone use and brain cancer and other head tumors, Bioelectromagnetics, 33(3), pp.187-206.
- Wertheimer, L. (1979): Electrical wiring configurations and childhood cancer, Am J Epidemiol, 109, pp.273-284.
- Jミルク (2022): ファクトブック: 疑似科学と牛乳

【제 4 장】 이론·데이터의 관계성과 유사과학

- Petersen, et al. (2018): Evaluation of cutaneous rejuvenation associated with the use of ortho-silicic acid stabilized by hydrolyzed marine collagen, J Cosmet Dermatol, 17(5), pp.814-820.
- Wickett, et al. (2007): Effect of oral intake of choline-stabilized orthosilicic acid on hair tensile strength and morphology in women with fine hair, Arch Dermatol Res, 299(10), pp.499-505.
- 村上宣寛 (2005): 心理テストはウソでした，講談社
- Pittler, et al. (2007): Static magnets for reducing pain: systematic review and meta-analysis of randomized trials, CMAJ, 177(7), pp.736-742.
- Aoki, et al. (2013): Pilot study: Effects of drinking hydrogen-rich water on muscle fatigue caused by acute exercise in elite athletes, Medical Gas Research, 2(12).
- Botek, et al. (2021): Hydrogen Rich Water Consumption Positively Affects Muscle Performance, Lactate Response, and Alleviates Delayed Onset of Muscle Soreness After Resistance Training, J Strength Cond Res.
- Cheong, et al. (2019): Acute ingestion of hydrogen-rich water does not improve incremental treadmill running performance in endurance-trained athletes, Appl Physiol Nutr Metab, 45(5), pp.513-519.
- Michael & Levitt (1969): Production and Excretion of Hydrogen Gas in Man, N Engl J Med, 281, pp.122-127.
- Nishide, et al. (2020): The Effect of the Intake of a Hydrogen—rich Jelly Supplement on the Quality of Sleep in Healthy Female Adults〜A Randomized Double—blind Placebo—controlled Parallel—group Trial, 薬理と治療, 48(9), pp.1641-1646.
- Sim, et al. (2020): Hydrogen-rich water reduces inflammatory responses and prevents apoptosis of peripheral blood cells in healthy adults: a randomized, double-blind, controlled trial, Sci Rep, 10(1), 12130.
- Nakao, et al. (2010): Effectiveness of hydrogen rich water on antioxidant status of subjects with potential metabolic syndrome-an open label pilot study, J Clin Biochem Nutr., Vol.46, No.2, pp.140-149.
- Campano, et al. (2022): Marine‑derived n‑3 fatty acids therapy for stroke, Cochrane Database of Systematic Reviews.
- Tan, et al. (2016): Polyunsaturated fatty acids (PUFAs) for children with specific learning disorders, Cochrane Database of Systematic Reviews.

【제 5 장】 현대사회와 유사과학

- Liu, et al. (2015): Ozone therapy for treating foot ulcers in people with diabetes, Cochrane Database Syst Reviews.
- Bohannon, J. (2013): Who's Afraid of Peer Review?, Science, 342(6154), pp.60-65.
- Lai, N.M. et al. (2019): Animal-assisted therapy for dementia, Cochrane Database Syst Reviews.
- Alexander, et al. (2013): Air ions and respiratory function outcomes: a comprehensive review, Journal of Negative Results in BioMedicine, pp.12-14.
- Perez, et al. (2013): Air ions and mood outcomes: a review and meta-analysis, BMC Psychiatry, pp.13-29.
- 長島雅裕 (2009): マイナスイオンと健康，長崎大学学術研究成果リポジトリ.
- 小波秀雄 (2013): マイナスイオンとはなにか？，謎解き超科学，彩図社，pp.58-65.

- Laws, et al. (2012): Is Ginkgo biloba a cognitive enhancer in healthy individuals? A meta-analysis, Hum Psychopharmacol, 27(6), pp.527-533.
- Burns, et al. (2006): Ginkgo biloba: no robust effect on cognitive abilities or mood in healthy young or older adults, Hum Psychopharmacol Clin Exp, 21(1), pp.27-37.
- Santos, et al. (2003): Cognitive performance, SPECT, and blood viscosity in elderly non-demented people using Ginkgo biloba, Pharmacopsychiatry, 36, pp.127-133.
- 吉川弥里ほか (2020): GABAの血圧降下作用に対する系統的レビューおよびメタアナリシス，就実大学薬学雑誌, 7, pp.1-9.
- 外薗英樹・福田理子 (2018): 健常成人におけるGABA経口摂取が睡眠に与える影響〜無作為化二重盲検プラセボ対照クロスオーバー試験，薬理と治療, 46(5)，pp.757-770.
- 外薗英樹・上原絵理子 (2016): γ-アミノ酪酸の経口摂取による皮膚状態改善効果，Nippon Shokuhin Kagaku Kogaku Kaishi，63(7)，pp.306-311.
- Yamatsu, et al. (2016): Effect of Oral γ-aminobutyric Acid (GABA) Administration on Sleep and its Absorption in Humans, Food Sci. Biotechnol, 25(2), pp.547-551.

【第6章】 유사과학을 꿰뚫어 보는 사람의 관점

- 土橋治子 (2021): テスティモニアル広告〜なぜ消費者は疑いを感じながらも説得されるのか？，青山経営論集, 55(4)，pp.152-165.
- 森大輔・髙橋脩一・飯田高 (2019): 広告の打消し表示において文字の大きさや配置はどれほど重要か？サーベイ実験，第17回法と経済学会全国大会発表論文.
- 山本輝太郎・後藤晶 (2021): 消費者保護のためのナッジの活用による効果的な打消し表示の提案〜クラウドソーシングを利用したランダム化比較試験による実験的検討，行動経済学, 14，S13-S16.
- Geha, et al. (2000): Review of alleged reaction to monosodium glutamate and outcome of a multicenter double-blind placebo-controlled study, J Nutr, 130(4S):1058S-62S.
- National Academies of Sciences (2016): Engineering, and medicine, Genetically Engineered Crops: Experiences and Prospects, The National Academies Press.
- 山本輝太郎・石川幹人 (2019): 教材利用者が有する先入観が科学教育に与える影響〜ゲノム編集の評価を例にして，科学教育研究, 43(4)，pp.373-384.
- 吉川肇子 (1989): 悪印象は残りやすいか？，実験社会心理学研究, 29(1)，pp.45-54.
- 畝山智香子 (2016): 健康食品のことがよくわかる本，技術評論社
- 塩谷英一郎 (2012): 言語学とクリティカル・シンキング〜誤謬論を中心に，帝京大学総合教育センター論集, 3，pp.79-98.
- 山本輝太郎・佐藤広英 (2022): オンライン掲示板コミュニケーションにおけるファシリテーション的介入効果の実験的検討〜科学トピックを例にして，日本教育工学会論文誌, 46(1)，pp.183-191.
- 山本輝太郎・後藤晶 (2021): 疑似科学信奉の背景構造の実証的検討:「電磁波」関連言説の分析に基づく教材開発，電気通信普及財団研究調査助成報告書, 36，pp.1-9.